舌尖美味 功夫一流

功夫川菜

GONGFU CHUANCAI

李凯 普天红 编著

四川出版集团·四川科学技术出版社

·成都·

图书在版编目（CIP）数据

功夫川菜 / 李凯编著. -- 成都：四川科学技术出版社，2013.7

ISBN 978-7-5364-7688-2

Ⅰ.①功… Ⅱ.①李… Ⅲ.①川菜—菜谱 Ⅳ.①TS972.182.71

中国版本图书馆CIP数据核字(2013)第142675号

功夫川菜

出品人　钱丹凝
编著者　李　凯　普天红
责任编辑　李蓉君
责任出版　周红君
出版发行　四川出版集团·四川科学技术出版社
成都市三洞桥路12号　邮政编码610031
成品尺寸　170mm×230mm
印张 8.75　字数50千
印　刷　成都思潍彩色印务有限责任公司
版　次　2013年10月第一版
印　次　2013年10月第一次印刷
定　价　29.8元

ISBN　978-7-5364-7688-2

地址：成都市三洞桥路12号
电话：（028）87734081　邮政编码：610031
网址：www.sckjs.com

序

中国人爱吃、善吃，对烹饪更是有自己独到的见解。民间藏龙卧虎，潜伏着许多烹饪高手，一如古龙笔下的侠客，不出手则已，一出手便技惊四座，让人拍手叫绝！与江湖绝技相比，烹饪技艺少的是剑拔弩张的紧张劲儿，多的是悠柔淡定、挥洒自如的生活态度，唇齿留香、绕梁三日挥之不去的感官享受，“我的健康我做主”的快感和从容。

说到烹饪技艺的演变和更新，是和悠久的饮食文化、民俗风情分不开的，现代烹饪技术更是融入了许多现代科学技术知识，然后是具体的菜品、配方、技术、操作诀窍、营养及保健等。该书中的菜品都是作者精心挑选的，既能体现丰厚历史文化内涵，又能显示出茁壮的现实生命力，同时还具有普遍代表性。该书内容丰富，涉及许多烹饪及相关知识，是烹饪爱好者及专业人事的必备烹饪参考书。

本书的作者以轻松活泼的文笔，通俗易懂的语言，系统地介绍了爆、炒、溜、煎、浸、炸、烧、焖、烩、炖、蒸、煮等烹饪技法，每种烹饪技法又配备了多个菜例进行详细的说明，同时笔者在书中还对一些烹饪制作关键技术以及菜肴制作过程中的重点、难点进行解密，也许别人上几年烹饪大学或工作多年都无法掌握的烹饪知识和烹饪窍门，你却能在这本书中轻松得到。跟随菜例轻松学习，让你在弹指间成为“烹饪高手”。

图文并茂，也是本书的一大特色。该书的每道菜例均配有彩色图片，使读者朋友在阅读的过程中更直观，操作过程中更清楚。就算是从没动手下过厨的人，也可以跟随步骤制作出色、香、味俱全的菜品来。

书中的菜例，均符合常见又常吃、实在又实用、美味又健康的原则，具有一定的代表性、普及性以及可操作性，适合于家庭及众多餐饮企业学习和参考。

近期热播的电视剧《林师傅在首尔》展现了川菜的巨大影响力。笔者有幸作为“林师傅”的厨艺替身，在剧中小有表现，并在师傅彭子渝的带动下为该剧设计制作了几道川菜，引起广泛关注。现将这几道川菜的制作方法收录本书，供读者参考。

PREFACE

电视剧《林师傅在首尔》菜品精选 1

CONTENTS 目录

浸52

炸61

炖73

烧80

烩 93

焖 103

蒸 113

煮 125

电视剧《林师傅在首尔》菜品精选

热播电视剧《林师傅在首尔》，算是为数不多的为川菜量身定做的美食大戏。剧中耀眼的川菜和川厨出神入化的手艺，让不少人见识到川菜文化的博大精深。

在《林师傅在首尔》戏中，在中国烹饪大师彭子渝的带领下，四川烹饪高等专科学校原创菜品研究所主任李凯携手一帮实力雄厚的厨师团队，共同担任了剧中的厨艺顾问，包揽了所有菜品的设计制作，那些颠覆你味觉的川菜都是他们抓破头脑设计出来的。作为男主角林飞的技术替身，李凯在剧中的镜头手比脸多。凡是林飞手部做菜的镜头都是这位替身完成的，“李师傅”才是真资格的“林师傅”。

剧中共呈现了几道风格各异的精彩川菜。有的忠于原貌，有的则经过改良，且创意十足。

牡丹鱼片

一道命题式剧情菜，考的是川厨的基本功。

剧情回放

休假中的林飞被急召回餐厅，原来是韩国客人金盛时会长点了一道牡丹鱼片。这道菜在中国早已失传，后经林飞师傅遍访名师，多年潜心研究才得以保留下来。林飞做的牡丹鱼片令金会长赞不绝口，他记住了林飞这个名字，却无缘与他见面。

李师傅解密

这是一道剧情菜，剧组早就定好了林飞亮相的第一道菜一定要做鱼，所以在我们厨艺顾问团介入之前，已拍摄了部分内容。这等于是给我们出了个“鱼”的命题作文。考虑到这是林飞的首次出场，做的菜一定要惊艳，技压群芳，肯定不能用常见的沸腾鱼啊水煮鱼啊，如何将鱼做出彩成了我们最关心的问题。

传统川菜中有一道“牡丹鸡片”，是将鸡肉铺上干粉，用擀面杖捣成薄片后，放入滚汤中氽熟。我们决定重现这道菜的做法，但是鱼肉质地细嫩，遵循古法难以定型。我们就将鱼片改成下油锅炸，不仅造型更为生动立体，金黄的色泽也让视觉效果很棒。

这道菜其实很考验川厨的基本功，片出来的鱼既要透亮又不能“穿”，片张要尽量大，那么薄的鱼片还有锤制过程，炸的时候对油温控制也非常精细，炸出来的颜色才一致。很多观众都夸这道菜外形漂亮，这有赖于牡丹花的摆盘，必须外面的花瓣要大而稀，里面的花瓣要小而密，才有层次感。

幕后花絮

剧中有一幕是林飞潇洒地用手一拍桌子，鱼就嗖嗖地往上飞起来。这个“功夫”般出神入化的镜头，其实是拍“鱼片往下落”的过程，然后把镜头倒过来播放的。可就是拍这一个镜头，就花了整整一天的时间。为了抓拍下落的每个瞬间，我们还特意放了一个一米的大水缸，四周蒙上黑布，让鱼片飘落到水缸里，水的浮力可减缓鱼片下落的速度，拍出来的镜头也更有质感。

特 点 色泽金黄，形似牡丹，口感酥香。

原 料

大草鱼1条（约1000克），土豆泥500克，胡萝卜50克，黄瓜1根，芹菜叶、姜、葱、料酒、盐、胡椒、干细淀粉、色拉油、酸梅酱、番茄酱适量。

制作过程

1. 大草鱼去头、尾、骨、皮，取净肉斜刀片成片，入碗调入姜、葱、料酒、盐、胡椒拌匀，腌渍10分钟。胡萝卜去皮，切成细丝。
2. 将鱼片取出，逐一裹匀干细淀粉置菜墩上，用擀面杖敲打成薄片。
3. 锅内烧油至四成热，将鱼片放入锅中，炸至金黄酥脆捞起。
4. 蒸熟的土豆泥加入适量盐、胡椒拌匀，在盘内堆好，逐一插上鱼片成牡丹形，用胡萝卜丝点缀成牡丹花心，摆上黄瓜雕成的枝和芹菜叶。
5. 酸梅酱、番茄酱装入味碟内，同鱼上桌蘸食。

专家解密

1. 鱼片扑粉敲打时，用力要均匀。
2. 炸鱼片火力不可过大，以免成熟度不一致。

孔雀开屏（宫保虾仁）

强化一种四川食材，带出两道特色川菜。

剧情回放

权本昌邀请了东京第一的川菜厨师南宫烈参加第二场比赛。比赛时却发现林飞没有上场，南宫烈无心比赛要求退出。林飞在最后关头赶到了现场。会场里大家都屏住呼吸，观看两位绝顶川菜高手的巅峰对决。林飞和南宫烈都拿出了看家本领，最终，林飞以一道“孔雀开屏”完胜南宫烈的“卧虎藏龙”，为芙蓉堂夺得了关键的第二场胜利。

李师傅解密

川菜江湖，自然少不了宫保鸡丁和回锅肉的身影，作为川菜的典型代表，在这部弘扬川菜文化的戏中是一定要介绍的。但这两道都是家常风味菜，做法相对简单。后来我们就想到，不妨在剧中设置一场比赛，赋予这两道菜更多的内涵，于是向导演要求加戏，才有了后面以松茸为原材料的PK，回锅松茸和宫保松茸的出现。一来可以展现四川特色的原材料松茸，二来又能把两种特色川菜介绍出来。

幕后花絮

这道菜不难做，难的是选餐具，我们还带着导演特意跑到二仙桥古玩市场去淘货找灵感，结果一眼相中了这个有孔雀花纹的玻璃器皿。为了把家常菜升级为高档次的比赛菜肴，选择了每人每份呈现方式，每份菜装在蛋挞上，蛋挞又放在汤勺里，一只只汤勺看起来就很像孔雀的尾羽，于是我们灵机一动，再加个雕的孔雀头，“孔雀开屏”这个菜名也油然而生。

特　点　酸甜适口，糊辣味浓。

原　料

虾仁250克，松茸150克，盐酥花仁50克，蛋挞10个，牛腿南瓜一个，姜葱汁、姜、葱、蒜、干辣椒、花椒、盐、酱油、胡椒、白糖、醋、味精、鲜汤、干细淀粉、水淀粉、蛋清淀粉、色拉油适量。

制作过程

1. 虾仁去沙线，挤干水分，加盐、胡椒、姜葱汁、蛋清淀粉拌匀码味15分钟。姜、蒜分别切片；葱切马耳朵形；牛腿南瓜雕刻成孔雀头。
2. 松茸切丁，扑上干细淀粉，入热油锅中炸酥，打捞起沥尽油。
3. 盐、酱油、白糖、醋、味精、鲜汤、水淀粉入碗调匀成味汁。
4. 炒锅内烧油至四成热，投入虾仁滑散打起沥尽油。锅内留油适量，投入干辣椒、花椒爆香，倒入虾仁，放入姜片、蒜片、葱节炒香，烹入对好的味汁，待收汁亮油后，撒入盐酥花仁、松茸丁簸匀，起锅装入蛋挞内。
5. 将制作好的宫保虾仁围摆于圆盘内，中间放上雕刻好的孔雀头即成。

专家解密

1. 虾仁可以用干净的纱布包好，轻轻挤去水分。
2. 掌握好虾仁入锅滑制时的油温，不可过高或过低。

开水白菜

把不辣的川菜做到极致，但“被迫”加了点小药材。

剧情回放

金会长突然来到芙蓉堂，点了一道传说中的不辣川菜“开水白菜”。林飞从外面赶回，做出了这道传说中的料理，又一次救了芙蓉堂。金会长发现，原来林飞竟然就是他去成都却失之交臂的那个传奇厨师。

李师傅解密

“开水白菜”在厨界和食客心中，都是影响非常大的一道川菜，它真正把不辣的川菜做到一个极致。让大家认识到川菜并非都是麻辣的，也很多元化。“开水白菜”看似简单，其实非常复杂。制作这道菜的关键就是“开水”，你千万别以为“开水”就是“白开水”，它其实是最高档的清汤，是用母鸡、母鸭、火腿、干贝、肘子等上等的原料吊制，鲜美无比。整个制作过程要历经熬汤、扫汤和吊汤等三道以上的工序，是川菜汤料制作中最为精制的一种。白菜也只取菜心，并且用针穿刺。这样做出来的“开水白菜”，乍看就像清水泡着几棵白菜心，一星油花也不见，但吃在嘴里，却清香爽口。

幕后花絮

许多外省人对“开水白菜”早有耳闻，包括编剧，所以他在剧本里早早就设置好了这道菜。眼尖的观众可能会发现剧中的“开水白菜”加了藏红花，按理说传统的这道菜是不加这个的。但由于芙蓉堂的拍摄场地是在大邑县鹤鸣山的餐厅，鹤鸣山又是道教发源地，所以做的“开水白菜”要加养生的藏红花。而摄制组提前拍了“开水白菜”上菜的镜头，这令我们很为难，只好一模一样还原制作过程。

特　点　清汤味美，质嫩淡雅。

原　料

大白菜2棵，水发香菇30克，鸡脯肉500克，母鸡、鸭子、火腿、排骨、干贝、姜、葱、料酒、盐适量。

制作过程

1. 大白菜去掉老帮、黄叶，留嫩心，用刀剖开，用针穿刺。鸡脯肉用刀剁成茸。

2. 母鸡、鸭子、火腿、排骨、干贝、香菇焯水后入汤锅熬至鲜香，加入盐调好味。鸡茸用凉鲜汤搅散倒入汤中，使汤中的杂质吸附在肉茸上，捞起肉茸不用。如此反复多次，制成如开水般的清汤。

3. 白菜煮断生捞起漂冷，装于盆内灌清汤上笼蒸熟软，取出滗去汤汁，另灌入烧开的清汤即可。

专家解密

1. 熬汤的原料可以先入沸水锅焯尽血水，再入汤锅熬制。

2. 鸡肉茸入锅后，大火烧开，改用小火慢熬，待汤色清亮后，再将鸡肉茸打捞起不用。

如意十六巧

小小16碟四川传统凉菜，做起来那叫费功夫

剧情回放

朴善姬（张瑞希扮演）在电视前观看林飞参加韩国金勺杯厨艺的比赛，他做了一道“如意十六巧”的老川菜，轻松打败了韩国选手乐丁，赢得了比赛。

李师傅解密

“如意十六巧”这道冷盘不是剧中的重头戏，镜头也一闪而过，但它对于展现川菜文化是非常重要的。这是四川传统凉菜的格式，它采用不同的原材料，不同的味型，不同的

烹饪方法，展现了川菜的“一菜一格，百菜百味”的特点。而且碟子数量越多，做工越精细，筵席的档次就越高。剧中的“如意十六巧”包括椒麻鲜鱿、葱油香菇、芥末西芹、蒜泥黄喉、干拌牛肉、菠萝鸭片、凉炝瓜条、姜汁蟹柳、川味香肠、盐水花生、香卤豆干、金银猪肝、蛋黄鸭卷、怪味鸡丝、山椒木耳和糖醋甘蓝。虽然都是小小的一碟，但全部制作起来就很费功夫。在搭配时，每个碟的成型要协调统一，不能散乱雷同。

幕后花絮

权本昌的扮演者李琦以前就是三级厨师，他老人家在戏外还喊我“师哥”，经常和我们摆他以前做大锅菜的事情。他是剧中所有演员中真正能吃会做的一位，许多他下厨的镜头都是真刀真枪地秀厨艺。

月亮代表我的心

男女主人公合唱歌曲具象化，先有菜名再有内容。

剧情回放

林飞信心满满地去参加韩国金勺杯厨艺比赛，告诉善姬一定会再次把奖杯拿回来。比赛开始，林飞的分数一路遥遥领先，最后以一道自创的名叫“月亮代表我的心”的菜肴几乎确定了自己的胜利。其实，“月亮代表我的心”是善姬最爱唱的歌，这也是林飞用自己的方式来表达爱意。此时芙蓉堂夺冠已经稳操胜券了，谁知，选手乐丁在场外投票时用自己苦苦寻找相恋的韩国女孩的事打动了场外观众而获胜。

李师傅解密

这是最后比赛的菜，寓意着男女主人公合唱的《月亮代表我的心》那首歌和爱情。要根据菜名来创作菜肴，这令我们在设计时很受限制。老川菜“推纱望月（竹荪鸽蛋）”黄黄的鸽蛋好似月亮，但形式不能做成每人每份，必须有所改良。最后从传统川菜“攒丝杂烩”得到灵感，用火腿、鲍鱼丝、鱼肚丝、胡萝卜、金针菇、竹笋、豆皮弄成一撮撮，摆成川菜特有的风车形状，整体造型看起来就是荷叶的模样。中间的鸽蛋代表露珠，荷叶上的露珠映衬月亮的影子，就好像月亮在代表荷花的心一样。

幕后花絮

张瑞希扮演的朴善姬做“神龙再现”那道菜时，鱼之前就杀死了，可是鱼的生命力是特别强的，正当她准备下手抓鱼的时候，死鱼突然自己从案板上蹦起来，把张瑞希吓了一跳。

【群龙拜寿】

特　点　造型大气美观，味咸鲜清淡。

原　料

大虾8只，白灵菇300克，西兰花150克，南瓜、姜、葱、料酒、蚝油、盐、白糖、胡椒、味精、老抽、鲜汤、水淀粉、面粉、蛋液、面包粉、色拉油适量。

制作过程

1. 大虾去壳，留头尾，将腹部剖开，加入盐、胡椒、姜、葱、料酒码味10分钟。南瓜雕刻成寿字。
2. 白灵菇入沸水锅煮熟，切成片，摆入碗内，淋上姜、葱、料酒、盐、鲜汤调匀的味汁，上笼蒸透，取出滗去汤汁，翻扣于盘内。
3. 西兰花切小朵，入锅煮熟，围于白灵菇周围。
4. 蚝油、盐、白糖、味精、老抽、鲜汤、水淀粉入锅制成蚝油味，淋于白灵菇上。
5. 将虾尾由虾身穿出，沾上面粉，裹上蛋液，扑上面包粉下锅炸至酥香，起锅围摆于盘内。最后摆上用南瓜雕刻成的寿字即好。

专家解密

1. 白灵菇上笼蒸制的时间一定要足，避免外熟内生。
2. 扑上面包粉的大虾入锅炸制时注意控制好油温，以免炸焦。

原　料

仔鸡脯肉300克，猪肥膘肉100克，鱼籽酱20克，胡萝卜、香菜叶、姜葱水、蛋清、盐、水淀粉、清汤、青椒粒、红椒粒、芽菜、姜米、蒜茸、大头菜粒、芹菜花、香辣酱、油酥豆瓣酱、豆豉、盐、白糖、醋、味精、鸡精、红油、花椒油、香油、辣椒面、香菜碎各适量。

制作过程

1. 仔鸡脯肉与猪肥膘肉捶成茸，入盆加清水、姜葱水、蛋清、盐、水淀粉搅打均匀制成“鸡糁”。

2. 部分鸡糁装入标花袋，挤成长条状入沸水锅烫熟，捞起装入盆内，淋上清汤，撒上鱼籽酱；余下的鸡糁入盘抹平，上笼蒸熟，取出用模具压制成形，用胡萝卜、香菜点缀，围摆入盘，灌上烧沸的清汤。

3. 最后配上青椒粒、红椒粒、芽菜、姜米、蒜茸、大头菜粒、芹菜花、香辣酱、油酥豆瓣酱、豆豉、盐、白糖、醋、味精、鸡精、红油、花椒油、香油、辣椒面、香菜碎等调味料自行调味拌食。

专家解密

1. 鸡脯肉一定要捶细。
2. 挤入沸水锅中的鸡糁，成熟即打捞起，不可久煮。

【百花鸡面】

特　点　鸡面质嫩鲜香，口味多样，汤色清澈。

【卧虎藏龙（回锅松茸）】

特　点　造型大气美观，味咸鲜微辣，略有回甜。

原　料

猪腿肉300克，松茸150克，红椒50克，蒜苗30克，金瓜3个，姜、葱、花椒、八角、豆瓣酱、甜面酱、豆豉、料酒、白糖、酱油、味精、色拉油适量。

制作过程

1. 猪腿肉入加有姜、葱、花椒、八角、料酒的汤锅煮至断生，打起切成片；松茸切成片；红椒切成块；蒜苗切成段；金瓜雕刻成金瓜盅。
2. 松茸片入热油锅中炸断生打起沥尽油。
3. 炒锅内下油烧至五成热，投入肉片炒至干香，下豆瓣酱、甜面酱、豆豉炒至油红味香，放入红椒、松茸，调入白糖、酱油、味精炒匀，最后撒入蒜苗段炒匀，起锅装入金瓜盅内即可。

专家解密

1. 猪腿肉入锅不能煮得过熟，以断生为好。
2. 肉片下锅中小火慢炒至水气将干，再下豆瓣酱、甜面酱等调味料。
3. 蒜苗下锅后炒至断生即可起锅。

爆

爆是指将脆性动物性原料剞成花形，先经沸水稍烫或用热油氽炸后烹制，或者直接在旺火热油中快速成菜的烹调方法。爆的菜肴具有形状美观、嫩脆清爽、紧汁亮油的特点。适宜爆制的原料多为具有韧性和脆性的猪腰、肚头、鱿鱼等。与平时普通的炒菜区别在于，将原材料处理后，投入热油锅中爆炒，油温更高，成菜速度更快。原料下锅劈啪作响如同爆竹，因此得名"爆"。相同处在于，它也是主料加配料合炒并勾芡（也有不勾芡的）。

烹调程序

1. 刀工切配。爆制类菜肴除少数薄片外，一般都必须剞花刀，选料应选用厚大、形整。剞花刀要整齐划一，刀距、刀深要均匀，刀纹深而不透，利于受热迅速和入味均匀。

2. 上浆调芡。爆制的菜肴大部分要上浆，上浆时湿淀粉宜干宜少，码匀拌匀。爆的菜肴都要预先调制好芡汁，要掌握好汁水和湿淀粉的比例，成菜后达到稠而不干，汁芡均匀，亮油滋润，食用后盘内无余汁。

3. 汤氽油烫。油爆有四种烹调方式：第一种，大部分上浆，中油量（油与原料2：1），放入六至七成高温热油中，氽炸翻花断生成形，沥油爆制成菜。第二种，不上浆，将原料放入沸汤中烫至翻花断生成形，捞出爆制成菜。第三种，不上浆，将原料放入沸汤中烫至翻花，再入热油内氽炸至断生成形，沥油爆制成菜。第四种，码味上浆，将原料放入六至七成高油温中直接爆制成菜。

4. 爆制烹汁。原料沥干油或水分后，一种是随即放入锅内用旺火热油快速爆制，放入辅料，烹汁亮油成菜。另一种是原料沥干油或水分后，锅内先放热油，将辅料炒断生，倒入芡汁推匀，再加入主料簸匀成菜。

工艺流程

选料—锲花刀配料—码味上浆—调制芡汁—油氽汤烫—翻花断生成形—爆制烹汁—装盘成菜

操作要领

1. 严格刀工，根据原料运用不同的刀法。由于爆制菜肴旺火、高油温，加热时间短，必须剞成花刀，便于成熟和入味。

2. 注意火候，爆制过程中，火候要“三旺三热”，即汤烫要旺火沸汤，油氽要旺火热油，爆制定汁要旺火热锅。

3. 作好爆制前的准备。应预先调制好味汁或芡汁。要达到菜肴"稠而不干，油亮滋润，食毕盘内无余汁"的要求，掌握好两点：首先，调制芡汁要掌握好调味汁水与湿淀粉的比例；其次，在汤烫或油氽后要沥干水和油，才能入锅裹汁。

4. 掌握好爆制的操作环节技巧。动作要准确而迅速，装盘要麻利，才能保证菜肴的质感。

注意事项

1. 合理使用芡汁和味汁。根据原料是否上浆而定，原料未上浆，芡汁内的湿淀粉宜多，反之宜少；味汁则只能用于上浆原料的烹汁。

2. 由于爆制成菜迅速，其辅料的数量不宜多，最好选用受热易熟，色、香、味、形富有特色的原料。

3. 爆制类菜肴要掌握好烹制与食用的时间，成菜后迅速上菜，趁热食用。

成菜特点

味汁紧包原料，形态美观，脆嫩爽口，以咸鲜为主。

油爆

烧油下菜炒制起菜仅用一分钟左右，讲一气呵成。油温要求是旺火滚油，油温八成，即是180~210℃之间，要在原料下锅后迅速翻动炒勺推转搅拌，成菜才会在高温下迅速凝结翻卷成各种形状，既美观，又爽脆。

操作要领

油爆的全过程分为“焯”（有的叫烫、飞水）、“炸”（有的叫爆、过油）、“炒”三个步骤。三个步骤要连续进行，一气呵成。油爆的火力要大，油量要相当于原料的2~3倍。

成菜特点

口味以咸鲜为主（糖和醋的用量很少，有用糖不见甜，用醋不见酸的特点，放醋可以使其脆嫩），味汁紧包，色泽均匀，油分极少，食后盘内无汁，油爆类菜肴的主料多为本色，并有葱姜蒜的香味，食之脆嫩，清爽不腻。

制作工艺

1. 选好主料与辅料，辅料多为脆嫩的植物性原料。
2. 对主料进行初加工和刀工处理，比如去外皮，去筋，切交叉花刀等。
3. 将所需辅料刀工成相应的小型形状，有的需要码少量的盐以保持其脆嫩度。
4. 将所需调料调成芡汁备用。
5. 在旺火上置锅，注入500克油烧热，将主料倒入油中过油约两秒钟，立刻通过漏勺控油到盛油的器皿中。
6. 重新将锅置于火上，放入热油，迅速倒入主料和辅料，烹入芡汁迅速翻炒均匀（专业厨师可采用两翻一颠的方法）即可装盘。

✲酱爆

酱爆的特点在于烧热油后先放入所需酱料炒出香味再放入辅料及主料，成菜时酱汁完全包裹住主料，与主料的味道相互渗透的一种爆炒的方法，用的酱料包括黄酱、柱侯酱、XO酱、番茄酱等。

操作要领

烹制酱爆菜肴的关键是把酱炒好，酱的数量一般以相当于主料的1/5为宜，炒酱用油的数量以相当于1/2为好，油多酱少则包不住主料，油少酱多则易巴锅。油和酱的比例不是绝对的，可视酱的稀稠而增减用量。

成菜特点

爆菜肴多为深红色，油光闪亮，味咸而有浓郁的酱香味，质地脆嫩爽口。

✲葱爆

顾名思义，此类爆炒强调的是葱的香味，以它来带出主料鲜美。大致需要选用500克的大葱，切成雀舌型的厚片，在热油中放入已拌好作料的主料后，迅速将葱片倒入锅中，主料刚熟、葱出香味时即可起锅。

✲汤爆

一般是将主料过油或用开水焯至半熟后捞出，放入容器内，并迅速倒入调好味的沸汤冲熟的方法。汤汁是预先调制好的，通常是鸡汤（或高汤）加入盐、味精、料酒及湿芡粉调制而成。

原　料

鸭脯250克，仔姜150克，酸菜50克，青红椒各50克，野山椒、蒜、姜、葱、郫县豆瓣、盐、酱油、白糖、胡椒、料酒、味精、鲜汤、湿淀粉适量，色拉油1000克（约耗100克）。

制作过程

1．鸭脯肉用斜刀片成厚0.3厘米的片。

2．仔姜、酸菜、青红椒分别切成片；姜蒜切指甲片；葱切马耳朵形。

3．鸭肉入盆，加入盐、酱油、胡椒、料酒、松肉粉、食粉、湿淀粉腌渍20分钟。

4．盐、酱油、白糖、胡椒、味精、鲜汤、湿淀粉入碗对成滋汁。

5．炒锅上火，烧油至五成热，倒入鸭片炸至熟，打起沥尽油；青红椒入油锅过油。

6．锅洗净，烧油至七成热，放入郫县豆瓣、野山椒、酸菜片、蒜片、姜片、马耳朵葱炒匀，随即倒入鸭片、仔姜片、酸菜片、青红椒片炒匀，烹入事先对好的滋汁，簸匀起锅装盘即成。

专家解密

1. 鸭子的选料很重要，应选用农家放养的1500克左右的鸭子，其肉质鲜香细嫩。

2. 鸭子的宰杀要精细，应放尽血水、去净毛，在去内脏时更要小心，注意不要将苦胆弄破了，以免影响口感。

3. 片鸭脯肉时要注意片的厚薄，大小应一致，码味的时间要充足，以免底味不足。

4. 浸炸鸭片时，油温要掌握好，要使肉片定型成熟又不至于老韧为佳。油温若过高，肉片色深质老；油温过低又易脱芡，所以将油温控制在五成热最佳。

【酸菜仔姜鸭】

特　点　酸鲜可口、开胃清凉。

爆 【孜然肥牛肉】

特　点　细嫩鲜香，芳香味浓。

原　料

肥牛肉片250克，香菜50克，洋葱50克，青红椒50克，孜然粉、辣椒面、花椒面、蒜、盐、胡椒、料酒、味精、香油、色拉油适量。

制作过程

1. 香菜洗净，切成5厘米长的段；洋葱、青红椒分别切成丝；大蒜剁成茸。
2. 炒锅上火，炙好后，烧油至五成热，放入肥牛肉片翻炒，并烹入适量料酒，待肉熟汁干时，放入洋葱丝、青红椒丝炒断生，起锅倒入盘中，备用。
3. 锅洗净后，烧油至五成热，下入孜然粉、辣椒面、花椒面、蒜茸炒香，调入盐、胡椒、料酒炒匀。
4. 放入炒好的肥牛肉爆炒几下，勾味精，淋香油，簸匀起锅装盘放上香菜即成。

专家解密

1. 肥牛肉切片时，应注意大小、厚薄均匀一致。
2. 孜然粉应用小火炒制方能出色、出味，待其完全炒出香味后再加大火力。
3. 肥牛肉爆炒时，以将水气炒干为度。炒制时间不足，肉片含水量过高，成菜不香；若炒制时间过长，牛肉失水过多，变得老韧难咽。

原 料

猪里脊肉250克，洋葱50克，青椒50克，红椒50克，豆腐乳、盐、胡椒、料酒、白糖、鲜汤、湿淀粉、蛋清淀粉各适量，色拉油1000克（约耗75克）。

制作过程

1. 猪里脊肉切成0.3厘米厚的片。
2. 洋葱、青红椒分别切成米粒状。
3. 猪里脊肉放入碗中，加入盐、胡椒、料酒、蛋清淀粉拌匀，腌渍约5分钟。
4. 豆腐乳入碗，压制成细茸，加入盐、胡椒、料酒、白糖、鲜汤、湿淀粉调匀成滋汁。
5. 锅内烧油至四成热，倒入肉片滑散，至断生后倒入漏瓢中沥尽油。
6. 炒锅重置旺火上，烧油少许，待油热，下洋葱粒、青红椒粒爆香，随即倒入事先对好的腐乳汁，待汁收浓，放入肉片簸匀起锅装盘即成。

专家解密

1. 猪里脊肉切片时应注意厚薄一致、大小均匀。
2. 此菜的腐乳汁只起调和滋味的作用，不可放得过多，以免影响成菜的效果。
3. 滑肉片时应注意控制好油温，过高则不易滑散，且肉质变老；过低容易脱芡，肉质同样会变老。

【腐乳爆肉片】

特 点 咸鲜微甜，肉嫩味鲜。

爆 【山椒爆蛤蜊】

特　点　咸鲜酸辣，质嫩味美。

原　料

蛤蜊500克，野山椒50克，泡酸菜50克，葱、姜、盐、胡椒、料酒、味精、色拉油适量。

制作过程

1. 蛤蜊入清水中静养半日，使其吐尽泥沙。
2. 野山椒、泡酸菜分别切成小丁；葱切成4厘米长的段；姜切片。
3. 炒锅上火，烧油至七成热，倒入蛤蜊，加入料酒翻炒。
4. 待蛤蜊壳打开后，下入野山椒、泡酸菜、葱段、姜片继续翻炒片刻，放入盐、胡椒、味精调味，炒匀起锅装入盘中即成。

专家解密

1. 蛤蜊应选用鲜活的，在清水中静养，以吐尽泥沙，可以在清水中适当地加入食盐，可以使蛤蜊较快地吐出泥沙。
2. 蛤蜊在烹制前，可以加入适量姜、葱、胡椒、料酒码匀，以去腥压异。
3. 蛤蜊下锅略煮至开壳后，即可起锅装入盘中，若烹制的时间过长，蛤蜊肉会收缩变老。

原　料

鸭舌200克，青尖椒50克，红尖椒50克，老干妈豆豉、香辣酱、卤水、盐、胡椒、白糖、料酒、味精、鲜汤、湿淀粉、香油适量，色拉油500克（约耗75克）。

制作过程

1. 鸭舌洗净，用水烫过后入卤水锅中卤至八成熟。
2. 青红尖椒分别切成5厘米长的段；香辣酱剁细备用。
3. 盐、胡椒、白糖、料酒、味精、鲜汤、湿淀粉入碗，对成滋汁。
4. 炒锅上火，烧油至五成热，倒入卤好的鸭舌及青红尖椒段，略炸后打起沥尽油。
5. 锅内留油少许，烧至五成热，下入老干妈豆豉、香辣酱炒香，烹入对好的滋汁，待汁收浓时，倒入鸭舌、青红尖椒段，快速翻炒，使芡汁裹匀原料，淋入香油簸匀起锅装盘即可。

专家解密

1. 卤鸭舌前，可将鸭舌放入加有姜、葱、料酒的沸水锅中汆一水，以除去异味。
2. 炸制鸭舌的油温不易过高，以防炸得过干，从而使鸭舌失去嫩度，变得老韧。
3. 滋汁中湿淀粉的用量要掌握好。过少，汁不浓，不能附着在鸭舌上，影响鸭舌的口味；过多汤汁成团，同样也不能附着在鸭舌上。
4. 色拉油的用量和香辣酱的用量比例要适当，油多酱少，酱不能附着在原料上，油少酱多，则容易粘锅。

【干妈爆鸭舌】

特　点　豉香味浓，引人食欲。

爆

【尖椒爆鲜鱿】

特　点　咸鲜香辣，质地脆爽。

原　料

鲜鱿鱼250克，青红尖椒各50克，野山椒、盐、胡椒、料酒、味精、鲜汤、湿淀粉各适量，色拉油1000克（约耗75克）。

制作过程

1. 鲜鱿鱼洗净，撕去筋膜，剞上交叉十字花刀，再切成菱形块。
2. 青红尖椒擦手切成圈。
3. 盐、胡椒、味精、鲜汤、湿淀粉入碗对成滋汁。
4. 鲜鱿鱼入加有料酒的沸水锅中氽水，待其卷曲后，入热油锅中过油。
5. 炒锅上火，烧油至五成热，下入青红尖椒、野山椒炒出香味，倒入鲜鱿鱼炒匀，烹入事先对好的滋汁，待收汁亮油起锅成菜。

专家解密

1. 鱿鱼剞花刀要注意深浅一致，刀距相等，只有这样才能保证成菜花形美观。
2. 鱿鱼过油时间要短，以将表面水气去掉为度，时间过长，鱿鱼易变老、变韧。
3. 鲜青红尖椒煸炒时，用油量要少，煸至断生出香即可，不可久炒。

炒，中国烹调技艺中最具特色，历史最悠久，运用最广泛，制作较为简单的菜品烹饪方法。在大家的印象和经验中，所谓炒，就是把原材料经过快速加热，在热锅里翻拌均匀成熟的加工方法，成菜速度快，营养成分也不容易损失，所以被广泛运用。

一般来说，炒荤菜时，原料得上浆，味道才鲜美嫩滑，成熟时也应勾芡；炒素菜则不上浆也不勾芡，少数的也可以勾少量的芡，这是“炒”菜的基本原则。要炒得好，一定要掌握各种炒的方法和诀窍，并不是烧热了油把原材料往锅里一倒，撒上酱油佐料什么的就谓之为炒好菜了，不是那么简单的，对炒而言就分为滑炒、生炒、软炒、熟炒和川菜最常用到的爆炒等等，掌握了这些方法，你就会根据原料的不同，灵活处理和运用，才能“炒”出水平，“炒”出个新花样！

*滑炒

餐厅及家庭运用最多的烹饪方法。小炒也是川菜最有特点，运用最广的一种炒法。最能体现出川菜烹调中的单锅小炒，不过油，不换锅，临时对滋汁，急火短炒，一锅成菜。滑炒是采用动物性原料作主料，经过加工切配成丝、丁、片、条等小型原料，先经码味上浆，在旺火上以中油量或小油量快速烹制，最后用对汁芡或勾芡成菜的烹调方法。滑炒类菜肴具有柔软滑嫩，紧汁亮油的特点。在原料的组合上，可以是单一原料或者两种以上的主料，也可以是主辅料配合方式的。常用主料有鸡、鱼、虾、猪瘦肉等。

烹调程序

1. 码味上浆。先码味后上浆，码味的调味品主要是精盐、料酒、酱油等，其浓淡咸度，上色及颜色的深浅，要根据菜肴的复合味型决定。浆汁原料主要是淀粉或蛋清，要以烹制原料的性质（老嫩、水分含量、肥瘦比例）决定上浆的干稀程度；码味上浆后浸渍时间，要根据原料品种性质具体掌握，如牛肉、猪肉的时间可长一些，肝、腰等则应现上浆现滑炒。

2. 对芡汁或味汁。滑炒过程中，由于火力大，操作速度快，成菜时间短，因此，需事先或操作时在调味碗中对好芡汁或味汁，确定菜肴最后的复合味型。

3. 滑油翻炒。要根据原料的性质、上浆的差异，掌握好油量、温度和滑炒的时间。具体地说，首先要把锅洗净，烧热油炙锅，然后下主料滑油。上蛋清淀粉浆的原料适合中油量三四成油温滑炒，上湿淀粉浆的原料适合小油量五至七成高油温滑炒。滑炒的时间，以原料在锅内受热后散籽断生为准。

4. 收汁亮油，成菜装盘。原料炒散籽断生后，及时放入辅料（可先煸炒断生或与主料同时滑油）、调味品等一同翻炒，待刚熟，香味溢出，烹入芡汁或味汁，收汁亮油，装盘成菜。

工艺流程

选料—初加工—切配—码味上浆—对芡汁或味汁—锅内烧油炙锅—放入主料滑油翻炒—放入辅料和调料—烹入芡汁—收汁亮油—装盘成菜

操作要领

1. 选料与加工。滑炒的原料要求鲜活、细嫩、无异味，多选用猪、鸡、鱼、虾等的净料。刀工成形以丝、丁、片、条、粒和花形等小型原料为主，要求刀工厚薄、大小一致，粗细长短统一，细而不碎，薄而不破，才能使滑炒的菜肴达到受热、入味均匀，滑嫩形美的特点。

2. 码味上浆。这是保证菜肴滑嫩的关键，由于滑炒的原料质地细嫩，形体细小，因而码味上浆时要细心，先码味，再上浆，使浆拌匀上劲。

3. 滑油要得当。滑炒时要求火力旺，操作速度快，成菜时间短，否则容易使原料绵老。

4. 芡汁中湿淀粉的浓淡适当。一般上浆是蛋清淀粉浆的原料宜稀，上浆是水粉浆的浓度宜浓；菜肴数量多的宜浓，反之宜淡。味汁中的鲜汤量的多少，其原则上是：上浆是蛋清淀粉浆的汤量宜多，上浆是湿淀粉的汤量宜少；上浆稀薄，原料水分多，菜肴数量少，火力小的情况下，汤量宜少，反之则适当多一些。

5. 处理好原料质地、数量和油量油温的关系。新鲜细嫩的原料油温宜低一些；质地老韧，肌纤维粗的原料油温宜高一些；不脱浆的油温低一些，加热时间长一些。上蛋清淀粉浆的原料，一定不能高油温下锅，否则难以滑散；掌握油量油温时，一定要考虑下料数量的多少和火力的大小。

注意事项

1. 码味上浆，抓拌原料出手要轻，用力要均匀，抓匀拌透，使原料全部被浆包裹住。既要防止断丝破碎，又要使上浆的原料浆上劲。否则，在滑炒的过程中会出水、脱浆，影响菜肴的质量。

2. 主辅料配合滑炒的菜肴，一般应将辅料另行煸炒或滑油，以保证主辅料成熟一致，达到菜肴滑嫩，成菜迅速。

3. 烹入芡汁或味汁，应从菜肴四周浇淋，待芡汁糊化，才能翻炒簸锅，使芡汁紧裹菜肴。

成菜特点

1. 收汁亮油。
2. 色泽以白色为主，也有其他色泽的。
3. 口味多样，如鱼香、咸鲜、家常等。
4. 质地柔软细嫩，清爽利口。

生炒

又称煸炒、生煸，是指将切配好的小型原料，不上浆、不挂糊，直接下锅，用旺火热油快速炒制成菜的烹调方法。生炒的菜肴具有鲜香嫩脆、汁薄入味的特点。生炒的菜肴一般选用新鲜质嫩的蔬菜原料，辅料也有选用细嫩无筋的猪、牛、羊肉。其所用的主料无论是动物性原料或植物性原料，都是生的，不经过熟处理，也不腌渍、不挂糊、不上浆、不拍粉，起锅时不勾芡。例如广东菜的生炒菜心，川菜的干煸四季豆等。若是生炒荤菜类，则多选择猪、牛、羊、鸡等原材料，需要注意的是：得先把原材料的水气炒干再继续烹饪。如川菜中的盐煎肉就是一个典型的例子。

烹调程序

1. 原料初加工。茎叶类蔬菜加工成连叶带茎的规格；根茎类蔬菜加工成丝、丁、片、块、条等形状；肉类原料一般都加工成颗粒、丝、片等。

2. 原料码味。根茎类菜肴烹制前码少量的精盐，以保证成菜后有嫩脆的口感，但码味时间不宜过长，以不渗透出过多的水分为宜。

3. 生炒烹制。旺火热油，生料直接下锅。一般在烹制过程中调味，翻炒均匀，迅速使原料受热一致，炒至断生或刚熟，及时出锅成菜。

工艺流程

选料—原料初加工—切配（码味）—热油炙锅—旺火热油生炒原料—投入调味品—断生起锅装盘成菜

操作要领

1. 蔬菜生炒时，宜勾薄芡。如茎、根、笋、瓜等蔬菜，为了更加粘味爽口，成菜前可以勾薄芡。

2. 掌握好投料的顺序。单一原料菜肴的烹饪可将原料一次入锅，两种或两种以上的原料，要根据原料的质地、口味分先后下锅烹制。为了使主料受热均匀迅速，易于控制其成熟程度和缩短成菜时间，肉类的辅料有两种入锅烹制方式：其一是预先将肉类辅料炒制成熟，在主料入锅翻炒均匀后再放入一起炒制成菜。其二是先将主料入锅炒制断生起锅，另起炒锅将肉类辅料和调味品炒出香味后再放入主料一起翻炒，及时出锅成菜。

3. 高温快炒，保持色鲜脆嫩。生炒的最大关键是火候，即在生炒的过程中，锅内保持高温，包括生料下锅以后，温度也不能下降，否则难以保证生炒脆嫩的特点。在实际操作中，生炒的技巧可概括为“活”“快”“准”“轻”四个字。“活”是指手法灵活、配合默契，“快”是指出手快，“准”是指下调料准，“轻”是指出手要轻、用力要均匀。

注意事项

1. 芡薄以沾味为度。需要勾芡的菜肴，要根据生炒原料烹制的数量与菜汁渗出的多少，决定芡汁的浓度。

2. 生炒过程一直要求保持高温，火力要旺，使锅内保持持续高温，但要防止炒焦沾锅。

3. 出锅要及时，菜肴的汤汁要少。

成菜特点

1. 与主料交融在一起，吃完菜，盘中只剩淡淡的一层薄汁。

2. 口味咸中带鲜，如主料是植物性原料，则含有蔬菜的清鲜香味，如主料是荤素相配的，则又有肉类的醇香，也有蔬菜的清爽利口。

熟炒

顾名思义，是将主料加工成全熟或半熟，（可用多种方法，如先蒸熟，煮熟，烧熟等），然后再切成需要的形状，在旺火热油中烹制，将原料炒出香味后，再放入配料，调味品翻炒的烹制方法。熟炒一般不挂糊，但可以勾芡，不勾芡也可，关键看用了何种调料。用酱类做调料的，无须勾芡。如豆瓣酱，番茄酱等。熟炒的菜肴具有酥香滋润、见油不见汁的特点。熟炒的主料一般选用新鲜无异味的家畜肉及香肠、腌肉、酱肉等肉制品，辅料宜用青蒜、大葱、蒜薹、青笋等香辛味浓郁、质地脆嫩的原料。熟炒的关键在于：油不宜多，成菜后见油不见汁，质地以干香为特色。例如姜炒鸭丝，果汁肉排，香辣排骨等。

烹调程序

1. 处理原料。主料在进行熟处理时，要根据菜肴质量要求，恰当掌握原料的成熟度，以保证菜肴的口感。原料的熟处理有两种方式：一种是水煮，以水淹没原料，用中火，在沸而不腾的状态下，根据菜肴要求，煮至断生、刚熟或软熟的程度捞出晾凉；另一种是旱蒸，将原料放入蒸笼内，用中火沸水蒸至刚熟出笼晾凉。

2. 刀工配料。用于熟炒原料的规格，一般都是切成厚薄相当的片、粗丝或条状，而且片不宜薄，丝不宜细，条不宜粗。猪肉肥瘦相连，辅料也切成与主料相应的形状。

3. 熟炒烹制。以中火为主，数量多可用旺火。油温一般掌握在五六成热（150℃～180℃）为宜。原料不上浆、不码味，直接放入锅中反复翻炒，炒出香味，水分将干，吐油后，逐一加入调料、辅料炒至酥香滋润，簸锅成菜装盘。

工艺流程

选料—初加工—熟处理—切配—滑锅下料—熟炒烹制—成菜装盘

操作要领

1. 熟炒主料的选择，猪肉最宜选坐臀肉；牛羊以肉质嫩中带脆性较好的原料，如胸口肉、上脑肉等。调料多用酱类，如甜面酱、黄酱、豆瓣酱等。配料多用含有芳香味的蔬菜，如芹菜、蒜苗、大葱、青椒等。

2. 一般熟处理原料的成熟程度是：猪坐臀肉、鸡肉煮至断生或刚熟；猪保肋、五花肉煮至熟透，牛羊肉煮至软熟，鸡、鸭、鹅应加工制作熟透。肉制品和需要旱蒸的猪肉，应蒸制刚熟。

3. 家禽或肉制品原料在水煮或旱蒸前，要修整成利于切片的形状。猪肉的片稍厚一些，约0.3厘米，牛羊肉和肉制品的片相应薄一些。所切的片，不但长短、厚薄一致，还要肥瘦相间，炒透卷缩后才有美观的形状。家禽原料以切粗丝为主，也有切条或小薄片的，刀工时，丝不宜细，条不宜粗，片不宜薄。

4. 熟炒以中火为主，油温以五至六成热为宜，原料下锅要反复翻炒，可酌情加精盐炒干水气至吐油时，再加入调味品和辅料。

注意事项

1. 烹制前有的不易成熟的辅料，如青椒类、蒜薹、鲜笋等，可预先炒至断生。
2. 若使用甜面酱、豆豉、郫县豆瓣等一类调味品，必须炒出香味，以保证菜肴质量。
3. 熟炒的菜肴一般不勾芡，也有勾薄芡的，使菜肴略带卤汁。

成菜特点

1. 口味咸鲜爽口，醇香浓厚，有特殊芳香气味。
2. 质地柔韧，酥香滋润，见油不见汁。
3. 质地脆、嫩。

软炒

炒法中最特别的一种烹饪方法，软炒和其他炒法最大的不同是它采用的主料大多为牛奶、蛋清等液体。软炒是指将经过加工成流体、泥状、颗粒的半成品原料，先与调味品、鸡蛋、淀粉调成泥状或半流体，再用中火热油匀速翻炒，使之凝结成菜的烹调方法。软炒的菜肴具有形似半凝固状或软固体，细嫩软滑或酥香滋润的特点。软炒的主料一般选用鸡蛋、牛奶、净鱼肉、虾、鸡脯肉、豆腐、土豆、鲜豆、薯类等，辅料选用火腿、金钩、荸荠、蘑菇、果脯蜜饯等。著名的软炒菜有：白雪鲜虾仁，雪花鸡淖等。

烹调程序

1. 原料加工。有的软炒原料，如鸡肉、鱼、虾等，需剔净筋缠，捶打成细泥状；有的需经过熟软后，如豆、薯类，压制成细泥茸。辅料均应切成小片或颗粒。

2. 调制半成品。软炒的原料入锅前需要预先组合调制，根据主料的凝固性能，掌握好鸡蛋、淀粉和水分的比例，使之成菜后达到半凝固状态或软固体的标准。有的不需组合的菜肴，如豌豆泥、蚕豆泥等，也同时配好荸荠、蜜饯等辅料。

3. 软炒成菜。炒锅热油炙锅，三至五成油温放入调好的原料，用炒勺匀速地有节奏地来回推动或顺着一个方向炒匀，使其凝结，再加入辅料或油脂，炒至呈鲜嫩软滑或酥香油润，成菜装盘。

工艺流程

选料—加工整理—组合调制—滑锅下料—推炒均匀—软炒成菜—装盘成菜

操作要领

1. 将原料捣成泥状。鸡肉和鱼肉等需剔净筋络，刮肉捶扎成细泥状；经软熟的豌豆、蚕豆等，压制成细糜才能使用。

2. 按主辅料比例制成半成品原料。一般根据成菜是半凝固或软固体的要求，视主料的吸水性，淀粉的糊化性能，鸡蛋或蛋清、蛋黄的数量及辅料是清水、牛奶等具体情况，掌握好主辅料的调制比例。

3. 滑好锅。半成品原料，经勾芡、挂糊或上浆入锅，不粘锅、不糊锅，凝固状态好，熟透成菜。要达到以上效果，必须掌握好火候，一般采用中火比较适中，火力较小，会影响凝结效果、淀粉糊化和成熟，致使成菜形态散烂或半生不熟。

4. 操作技巧上，不同的菜肴采用的方法不同。如粤菜的“炒鲜奶”和川菜的“雪花鸡淖”等类型的菜肴，原料入锅后有节奏来回翻炒，使其凝结成云朵状，食用时细嫩软滑。北京的“三不沾”和川菜的“三合泥”“蚕豆泥”等类型的菜肴，原料入锅后用炒勺匀速地顺着一个方向炒动，并分次加油脂，使原料与油脂融为一体，凝结成软固体状，达到酥香油润的口感。

注意事项

1. 甜香味的软炒菜肴：特别是酥香油润类的甜菜，一定要待原料酥香翻砂以后，在按菜肴的需求放入白糖和足够的油脂，待白糖和油脂完全融合后及时出锅，否则，白糖容易炒焦变色，同时要防止白糖受热后熔化为液体而影响菜肴的稀稠度。

2. 咸鲜味的软炒类菜肴：口味宜清爽、鲜香、不腻，一定要控制好油脂的用量。

3. 掌握好成菜的色泽和口味：油脂和淀粉应选择白色无异味的。此外，还要考虑到辅料、调味品和蜜饯等对菜肴色泽、口味的影响。

成菜特点

1. 软炒菜肴无汁，形似半凝固状或软固体状。
2. 口味主要有咸鲜、甜香两种，清爽利口。
3. 质地细嫩滑软或酥香油润。

原　料

鳝鱼250克，麻花100克，青红尖椒各50克，盐炒花仁30克，干辣椒、花椒、姜、葱、蒜、红油、盐、胡椒、料酒、味精、白糖、香油、干细淀粉、面粉、泡打粉各适量，色拉油1000克（约耗75克）。

制作过程

1. 鳝鱼洗净，平铺于菜墩上，剁去头、尾，切成5厘米长的段，放入容器中，加入料酒、盐、胡椒、姜、葱腌制15分钟。
2. 青红尖椒切成5厘米长的段；姜蒜切片；葱切马耳朵形。
3. 干细淀粉、面粉、泡打粉、盐、色拉油、清水入碗，对成脆浆。
4. 锅置旺火上，下色拉油烧至五成热，将鳝段逐一裹上脆浆，下锅炸至色泽金黄时捞出。
5. 倒出炸油，锅内倒入红油，烧热后投入干辣椒、花椒、姜片、蒜片、马耳朵葱和青红尖椒段爆香后，放入炸好的鳝鱼翻炒，调入盐、白糖、味精，下入麻花和盐炒花仁翻炒均匀后，淋入少许香油起锅装盘即可。

专家解密

1. 鳝鱼在刀工处理前，应先洗净血污，以免影响成菜效果。
2. 腌制鳝鱼时，重用料酒及姜、葱，以去除土腥味。
3. 要注意脆浆的干稀程度。过干炸后形差；过稀炸后皮薄易碎。
4. 炒脆鳝时，要控制好用油量，避免在锅中久炒，以防脆鳝浸油而不酥脆。

【麻花脆鳝】

特　点　麻辣味浓，细嫩酥香。

炒【嫩蛋炒虾仁】

特　点　嫩滑营养，咸鲜味美。

原　料

虾仁150克，番茄50克，口蘑50克，鸡蛋4个，葱、盐、胡椒、料酒、食粉、鸡蛋清、干细淀粉、香油各适量，色拉油750克（约耗75克）。

制作过程

1. 虾仁洗净，用净布搌干水气，放入盆中，加盐、胡椒、料酒、食粉、鸡蛋清、干细淀粉、香油拌匀，腌渍20分钟。

2. 番茄去皮，切成丁；口蘑切片；葱擦手切细花。

3. 炒锅上火，烧油至四成热，下入虾仁滑至色白散籽，打起沥尽油；番茄、口蘑入沸水锅中氽一水打起。

4. 鸡蛋去壳，装入碗中，加盐打匀，放入滑好的虾仁，以及番茄丁、口蘑片。

5. 炒锅重置火上，烧油至五成热，倒入调好的蛋液，翻炒至蛋液凝固即可起锅装盘，最后撒上葱花即可。

专家解密

1. 虾仁必须经过20分钟以上的腌制，使其和调味品及食粉充分作用，才会软化，达到肉质细嫩的效果。

2. 鸡蛋要想滑嫩，除了炒制时动作要快外，也可在打散蛋的时候加入少量清水或少量湿淀粉，也有人加入少量牛奶，效果也不错，大家可以试一下。

3. 蛋液下锅后迅速朝一个方向拌炒，可使蛋的形状美观流畅。

原　料

猪里脊肉200克，泡酸菜50克，胡萝卜50克，洋葱50克，荷兰豆50克，水发香菇50克，姜葱水、盐、胡椒、料酒、味精、鲜汤、湿淀粉、色拉油各适量。

制作过程

1. 猪里脊肉切成5厘米长、3厘米宽、0.3厘米厚的片。
2. 泡酸菜、胡萝卜、洋葱、荷兰豆、水发香菇分别切成菱形片。
3. 盐、胡椒、味精、鲜汤、湿淀粉入碗对成滋汁。
4. 猪里脊肉入碗，加入盐、姜葱水、胡椒、料酒、湿淀粉拌匀，腌渍5分钟。
5. 胡萝卜、洋葱、荷兰豆入热油锅中过油至断生打起。
6. 炒锅上火炙好后，放油少许，烧至五成热，下入肉片炒散籽，随即放酸菜片炒匀，倒入胡萝卜、洋葱、荷兰豆，烹入对好的滋汁炒匀，起锅装盘即成。

1. 注意酸菜的咸度，若过咸，可放于清中漂洗，以减少咸味。
2. 猪里脊肉在刀工处理前应去净筋膜，保证成菜质地细嫩。
3. 肉片现码现用，不可长时间码味，以防肉质变老。
4. 炒肉片时速度要快，以保证肉片的嫩度。

【酸菜炒肉片】

特　点　肉嫩味鲜，咸鲜略酸。

炒【孜然玉米棒】

特　点　味道香辣醇厚，独具特色。

原　料

玉米棒两个，青椒150克，红椒150克，洋葱150克，孜然粉、辣椒面、花椒面、盐、味精、鸡精、香油各适量，色拉油500克（约耗75克）。

制作过程

1. 玉米棒洗净，入锅煮熟。
2. 待晾冷后，将玉米切成2厘米厚的段。
3. 青椒、红椒、洋葱分别切成丝。
4. 炒锅上火，放入色拉油适量，烧至五成热，下入青红椒丝、洋葱丝、盐、味精炒匀，起锅装入盘内垫底。
5. 锅洗净，重置火上，烧油至五成热，放入玉米段将表面水气炸干，打起沥尽油。
6. 锅内留油少许，放入孜然粉、辣椒面、花椒面炒香，下入玉米段、盐、味精、鸡精炒匀，淋入香油，起锅装入盘中即成。

专家解密

1. 选择玉米时应注意质地的老嫩。过老口感差，过嫩不成形。
2. 不可将玉米炸得过焦，以将表面水气炸干为度。炸得过焦不利于人体的消化吸收。
3. 炒孜然粉、辣椒面、花椒面时应注意油温，油温过高易焦煳，油温过低不出香、不出色。

原　料

活鳝鱼250克，冬笋50克，青、红辣椒各50克，水发香菇50克，胡萝卜50克，韭黄50克，姜、葱、蒜、干辣椒、盐、胡椒、料酒、郫县豆瓣、味精、鲜汤、香油、湿淀粉、色拉油适量。

制作过程

1. 活鳝鱼静养半天洗净，投入沸水锅中，将鳝鱼煮熟，捞出晾冷，用竹刀取下脊骨两侧的净肉，切成10厘米长、0.5厘米粗的丝。

2. 冬笋、青红椒、水发香菇、胡萝卜、韭黄、姜、葱、干辣椒分别切成丝；蒜剁成茸。

3. 锅内烧水至沸,分别把香菇丝、胡萝卜丝、冬笋丝用猛火烫制断生捞起，倒出滤干水分。

4. 碗内放入少量鲜汤，加入盐、胡椒、味精、香油、湿淀粉调匀成芡汁备用。

5. 锅内放色拉油，爆香姜、葱，掺入鲜汤，烹料酒，下鳝鱼丝稍煨。

6. 锅置旺火上，烧热油，下入郫县豆瓣、蒜茸、姜丝炒香，随即下入鳝鱼丝、青红椒丝、胡萝卜丝、香菇丝、冬笋丝，烹入料酒和刚才调好的芡汁，最后放入韭黄及葱丝炒匀起锅即可。

专家解密

1. 选择鳝鱼时，不宜过大或过小。鳝鱼太大肉质老；鳝鱼太小不易切成丝。

2. 胡萝卜丝、冬笋丝不宜煮制过久，以防长时间加热而质软不挺，成菜不清爽。

3. 煨鳝鱼时，姜、葱、料酒的用量要足，以除去鳝鱼的土腥味。

4. 烹制此菜时，应采用急火短炒的形式，以保证成菜的鲜嫩。韭黄、葱丝在起锅前加入，以免久炒会软烂，影响成菜效果。

【缤纷鳝丝】

特　点　咸鲜微辣，色彩丰富。

炒【番茄百合炒鱼片】

特　点　清淡可口，鱼肉嫩滑，营养价值高。

原　料

净鱼肉250克，番茄200克，百合100克，胡萝卜30克，草菇30克，姜、葱、蒜、姜葱水、料酒、盐、胡椒粉、味精、香油、鲜汤、鸡蛋清、干细淀粉、水淀粉各适量，色拉油500克（约耗50克）。

制作过程

1. 将净鱼肉片成厚0.5厘米的片。

2. 鱼片入碗，加入少许盐、胡椒粉、葱姜水、鸡蛋清、干细淀粉、香油、色拉油拌匀，码味15分钟。

3. 番茄去皮，切成块状；百合洗净，掰开成片状；草菇切片；胡萝卜切成料花；葱切马耳朵形；姜切指甲片；蒜剁成茸备用。

4. 盐、胡椒、味精、水淀粉入碗对成滋汁。

5. 炒锅洗净置火上，倒入色拉油，烧至四成热，放入腌制好的鱼片滑散，倒入漏瓢内沥尽油。

6. 炒锅烧油至五成热，下入番茄块和百合片，吃好味，炒匀起锅装入盘内垫底。锅洗净，放油少许，下马耳朵葱、姜片、蒜茸、草菇、胡萝卜料花炒匀，放入滑油后的鱼片，烹入料酒，倒入滋汁，待收汁亮油后，炒匀起锅装于炒好的百合和番茄中间即成。

专家解密

1. 鱼片不能片得太薄，应有一定厚度，否则鱼片易碎，不成形。

2. 码鱼片时，应加入适量葱姜水，以避免鱼腥味过重。葱姜水的制作方法：选大葱适量切成段，老姜一个拍破，装入碗中，加入胡椒粉、料酒拌匀，用手将上述拌匀的原料挤汁。挤出的汁即葱姜水。

3. 鱼片滑油时，应掌握好油温。油温过低，易脱芡；油温过高，鱼片成团，滑不散，且色泽不白。

4. 炒鱼片时，速度宜快，不得在锅中长时间炒制，以免将鱼片炒碎。

原　料

精牛肉150克，番茄200克，柠檬1个，黄瓜100克，洋葱25克，胡萝卜50克，精盐、白糖、味精、胡椒粉、松肉粉、食粉、鲜汤、香油、湿淀粉、料酒、鸡蛋清、干细淀粉各适量，色拉油750克（约耗100克）。

制作过程

1. 将牛肉洗干净，切成丝，将其放入清水中泡去血水后捞出来，控干水分。

2. 牛肉盛入碗中，放入精盐、胡椒、料酒、松肉粉、食粉、香油、鸡蛋清、干细淀粉、色拉油拌匀，码味30分钟。

3. 洗干净番茄，放入沸水中略烫一下，撕皮切成丝。柠檬取汁；黄瓜、洋葱、胡萝卜分别切丝备用。

4. 在碗中加入盐、胡椒粉、味精、鲜汤、香油、湿淀粉，调成"滋汁"。

5. 炒锅上火，烧油至四成热，放入牛肉滑油至断生倒出，滤尽油。

6. 锅内留油少许，放入洋葱丝爆香，投入牛肉丝、番茄丝略炒，放入料酒、柠檬汁，撒入黄瓜丝、胡萝卜丝炒匀，然后烹入事先对好的“滋汁”，待收汁亮油后簸匀即可。

专家解密

1. 牛肉在刀工处理前，应先放入清水中漂尽血水，以保证成菜的色泽。

2. 牛肉码味时，可适当加入少量红酒，可以让牛肉更滑嫩。

3. 想要把番茄轻松剥皮，在其顶端用刀尖划个十字，再用沸水烫，即可见到外皮自己下卷，剥皮轻而易举。

4. 牛肉入锅滑油要掌握好油温，油温过高牛肉易成团，油温过低易脱芡。

5. 炒制各种主辅料时，速度要快，不可在锅中停留过久，以防牛肉长时间受热而变老。

【番茄嫩牛肉】

特　点　滑嫩四季皆宜，开胃，营养，美容，色泽鲜亮，肉质滑嫩。

炒【怪味鸭下巴】

特　点　菜形美观，酥香味怪。

原　料

鸭唇10个，生菜150克，青红椒各30克，芹菜50克，熟花生仁、熟芝麻、盐、味精、刀口海椒、孜然粉、豆豉、胡椒、花椒面、干辣椒节、花椒、鲜汤、酱油、香油、白糖、醋、料酒、姜、葱、醪糟汁、八角、陈皮、糖色适量，色拉油1000克（约耗75克）。

制作过程

1. 鸭唇洗净，入加有姜、葱、料酒、花椒粒的沸水锅中汆尽血水；青红椒去籽切粒；芹菜切段；葱挽结，另取部分葱切细；姜切米粒状；熟花生仁去衣，用刀压碎待用。

2. 炒锅上火，放少许油，将干辣椒节、花椒、八角、陈皮、芹菜、姜、葱炒香，掺入鲜汤，加少许醪糟汁，放入鸭唇卤制25分钟后捞出。

3. 将鸭唇表面抹匀糖色，晾干备用。

4. 色拉油倒入锅中烧至五成热，放入鸭唇炸至色泽金红时捞出。

5. 锅内放油少许，下入刀口海椒、孜然粉、豆豉、姜、青红椒粒炒香，再依次放入鸭唇，酱油、白糖、胡椒、味精，起菜前加入醋，撒入花生仁碎、熟芝麻，淋入香油簸匀装盘，撒入葱花即可。

专家解密

1. 刀口海椒，是指将干辣椒和花椒炒香，然后用刀碾成细末作调料用。刀口海椒比辣椒面、花椒面更香辣。

2. 注意应将鸭唇上残留的毛去净，以保证菜肴质量。

3. 鸭唇卤好出锅后，应趁热抹糖色，以防冷后不易上色。

4. 炸鸭唇时，不可炸得过焦，将鸭唇表面水气炸干即可。

5. 醋可在起锅前加入，以防醋经长时间加热而挥发，而缺少酸味。还应注意醋的用量不要过多，以防成菜色黑。

原　料

猪坐臀肉300克，球形生菜150克，蒜苗50克，青尖椒50克，芽菜50克，泡菜末50克，郫县豆瓣、豆豉、甜酱、姜、葱、花椒、白糖、味精、料酒、色拉油适量。

制作过程

1. 猪肉洗净，入加有姜、葱、花椒的沸水锅中煮熟捞起，晾凉。
2. 将猪肉切成0.3厘米厚、1厘米见方的薄片。
3. 蒜苗切花；青尖椒切粒；豆豉、豆瓣分别剁细。
4. 烧锅放油，烧至五成油温，倒入切小的猪肉片，炒至其吐油时，放入少量料酒，再下豆瓣、甜酱、豆豉、芽菜，泡菜末，迅速炒匀，随后放入蒜苗、青尖椒炒至断生，最后加入白糖、味精炒匀，起锅。
5. 生菜洗净，选片形完整的，修切成圆盏形，将炒好的回锅肉装入即成。

1. 猪坐臀肉，就是肥瘦相连的猪后腿（又叫二刀腿子），猪肉的选择要适当，肥三成瘦七成的最为理想。

2. 煮肉时不宜煮得太久，以保持猪肉中适量的水分，这样成菜才会软嫩，煮得太久，肉质会又老又硬，爆炒时也难成“灯盏窝”的形状。检测猪肉是否煮得合乎要求的关键是：一要把握好时间（约15分钟），二要观察肉色（转为白色，已断红），三是动手测试（皮柔软，能掐得动），四是捞起后一定要晾冷。

3. 此道菜是用生菜叶片来盛装回锅肉，所以在刀工处理时应将肉切成稍小的片。但须注意不可太小，因为肉经长时间炒制，水分会挥发，肉片还会收缩变小。

4. 蒜苗、青椒应在起锅前放入，这样它们不会因长时间炒制而发黄，同时也较好地避免了大量维生素的流失。

【回锅生菜包】

特　点　变幻于传统名菜，干香滋润，肥而不腻。

熘

熘,是指将加工成丝、丁、块等小形或整形原料，或经过油滑或炸制，加热成熟，再烹汁或挂汁的一种烹制方法。熘的菜肴一般芡汁较宽，熘制的工艺一般包括两个步骤和三种熘法。熘的两个步骤是：第一，将原料经过油滑或油炸或蒸或煮等技法的熟处理，成为滑嫩、酥脆、外脆内嫩、外酥内软等不同质感的半成品，为熘做好准备。第二，为熘制阶段，另起油锅，调制相应的芡汁，给第一步的半成品挂好芡汁。三种熘法是：第一种方法是浇汁熘法，将熟处理的半成品，盛入盘内，再把烹调好的芡汁浇淋在半成品上；第二种是拌汁熘法，先将芡汁在锅内调制好，随即放入熟处理后的半成品，颠翻簸匀，沾裹上芡汁，立即起锅盛盘；第三种方法是淋汁熘法，即是经过熟处理的原料尚未熟透，再透入锅内加热，淋入芡汁，颠翻拌匀成菜。

鲜熘

滑熘又称鲜熘，是指将切配成片、丁、丝等鲜嫩无骨的原料，经过码味、上蛋清淀粉浆后，投入温油中滑至断生或刚熟，烹入芡汁成菜的烹调方法。滑溜类菜肴具有滑嫩鲜香，清爽醇厚的特点。适宜于滑溜的原料多是精选后的家禽、家畜、鱼虾等的净料。烹制时，用热锅温油，油量比较大，一般采用中火，原料经码味、码蛋清豆粉浆，待油温升至三成热时，投料下锅后用筷子轻轻的拔散，然后滗去滑油，然后加配料，炒转，烹滋汁，翻簸收汁亮油。

烹调程序

1. 加工切配。滑溜所用的原料以加工成丝、片、条、丁、小块的规格为主。因滑溜原料一般用湿淀粉或蛋清淀粉浆，又有一定的稠度和厚度，烹汁后糊化涨发效果好，所以滑溜原料刀工规格应比滑炒同一性能的原料细、薄一些，辅料也一般选用色彩艳丽、味鲜、细嫩的原料。如冬笋，丝瓜，番茄、菜心等。

2. 码味上浆。蛋清淀粉浆中，一般蛋清与淀粉的比例为1∶1，码味只用精盐，咸度为六至七成即可。上浆的稠度和厚度，应为蛋清淀粉浆能薄薄均匀地在原料表面沾裹一层为度。码味上浆后有的原料可冷藏静置一段时间，这样上浆效果更好，如虾仁、牛肉、猪肉、鸡肉等。

3. 滑油熘制。先用热油把锅炙好，再中火三至四成油温放入原料，滑散断生，滗去余油，加入辅料清清推匀，烹入芡汁，簸锅成菜。

工艺流程

选料—切配—码味上浆—热油炙锅—主料滑油—调制芡汁—熘制—下辅料—烹入芡汁—成菜装盘

操作要领

1. 滑溜的原料刀工切配时要求厚薄、大小、粗细一致，比一般滑炒类菜肴的原料切配得细、薄。

2. 上浆时必须上劲，上浆时稀稠厚薄恰当，并抖散入油锅，有利于滑散原料。

3. 油温控制在三至四成热滑油，油温高了会使原料在滑散之前凝结成块，低了容易使上浆后的淀粉脱浆，影响成菜效果。

4. 滑油时，白色的菜肴，必须选用色白、干净、无异味的油，以防止油脂污染菜肴的色泽和口味。

5. 一般滑溜类菜肴调制芡汁时，鲜汤的用量比用湿淀粉上浆的菜肴用量多一些。因为滑溜类原料都上了蛋清淀粉浆，其厚度比用湿淀粉上浆的原料略厚，滑油时蛋清内含的水分不能完全糊化。

注意事项

1. 原料码味上浆拌料时手法要轻，原料上浆静置后，滑油前还应将上浆原料的稀稠度调制一下，以利于原料抖散入锅和保证滑散。

2. 烹制前，一定要把锅洗净，用热油炙好锅，以免污染和巴锅，影响菜肴色泽和口味。

成菜特点

1. 明汁亮芡。
2. 滑嫩鲜香，清淡醇厚。

炸熘

炸熘又称脆熘、焦熘、烧熘。是指将切配成形的原料，经码味，再挂糊或拍粉，或先蒸制软熟不挂糊、不拍粉，放入热油锅炸至外香脆酥松，内鲜嫩熟软，然后浇淋或沾裹芡汁成菜的烹调方法。炸熘的菜肴具有外酥香松脆、内鲜嫩熟软的特点。一般适用于炸熘的原料主要有鱼虾、猪肉、鸡、鹌鹑等新鲜无异味，质地细嫩的原料。如：鱼香八块鸡、荔枝鱼块、糖醋脆皮鱼、鱼香粉丝鸭、鱼香脆皮鸡。

烹调程序

1. 切配码味，炸熘原料基本是条、块、花形或整料，切配时要求拍松或锲成一定的花形，以便于成熟，易于渗透入味和芡汁沾裹，使成菜形态美观，码味一般以精盐、料酒、姜、葱码味，浸渍的时间按原料形状、大小而定。

2. 挂糊拍粉。码味后的原料，根据菜肴需要，有四种处理方式：第一种是挂糊，适合炸熘的糊有蛋黄糊、全蛋糊、湿淀粉糊、脆浆糊等。第二种是拍粉，适合炸熘的粉有干淀粉、面包粉、面粉等。第三种是先挂薄糊再拍粉，这种方式用的糊基本是湿淀粉或蛋清糊两种。第四种是码味后直接上笼蒸至软熟，再拍粉油炸，或既不拍粉也不油炸，再熘制。挂糊拍粉的方式，应根据菜肴的风味特色，选用适合的糊或粉，并掌握糊粉的干稀程度。

3. 油炸酥脆。炸熘的菜肴都要经过油炸，油炸的质感有酥脆、外酥内嫩、外酥松内熟软三种类型。油炸时要掌握好油温、次数、时间及质感程度。

4. 调制熘汁。炸熘的芡汁常采用油汁芡，只有保证油汁芡的质量，才能使菜肴具有味浓、爽滑、滋润、发亮的效果，炸熘芡汁主要有糖醋、荔枝、咸鲜、鱼香等复合味型。一般浇淋的芡汁呈二流芡，沾裹芡汁比二流芡稠，要求能沾裹在菜肴上。

工艺流程

选料—原料的初加工—切配—码味—挂糊拍粉—定型油炸—酥脆复炸—调制芡汁—熘汁—成菜装盘

操作要领

1. 原料刀工规格要一致。需要锲花刀的原料，锲刀时要适度，形状完整。这样炸熘才受热均匀，调味渗透，形态美观。

2. 码味以基本咸味为准。

3. 控制好糊粉的干稀厚薄。糊粉过厚要影响原料本身的质感和鲜香味，糊粉太薄，油炸时高油温会过多损失原料所含水分和鲜香味，影响酥脆的质感。

4. 定型炸制，复炸酥脆。用中火中油温炸至原料收缩定型，断生即可捞出。复炸要用旺火高油温快速炸制，以达到表面酥脆。

5. 码味后蒸制的原料多为家禽类，要掌握好蒸制的成熟度，油炸的温度宜高，炸至皮酥松，才能达到菜肴外酥松内软熟的质感要求。

6. 肉糕蒸制前要先调试好凝结与老嫩效果，定型好后用中火蒸制熟透，晾凉后才便于改条，沾微量稀薄的蛋清浆后，再裹淀粉或面包粉，宜用中火，五至六成油温炸制，以达到皮酥内嫩的效果。

注意事项

1. 炸熘的原料一般不用含糖分和乙醇高的醪糟、曲酒、甜酒码味。糖分高，炸制时原料上色深，易焦煳，含乙醇量高的调味酒，用挂糊拍粉封闭原料，高温炸制也挥发不尽，影响菜肴的风味。

2. 挂糊的稠度以不损害原料形态完整为宜。太稠会导致分布不均匀而变形，太稀易流淌变形或掉渣而变油。

3. 对在碗内的调味品要求比例恰当，调味准确。

4. 不论是浇淋汁或沾裹汁，炸制好后要迅速熘汁，成菜后及时上桌，否则外皮一软，风味尽失。

成菜特点

1. 色泽金黄、黄红、油亮艳丽。

2. 口味以咸鲜微酸、甜酸、咸鲜为多。

3. 质感为外焦香酥脆，内鲜嫩可口。

熘 【什锦菠萝鱼】

特　点　皮酥肉嫩，滋味奇特

原　料

鲤鱼1尾（约重750克），奇异果100克，圣女果100克，芒果100克，火龙果100克，嫩豆腐100克，什锦果酱、番茄酱、醪糟汁、盐、胡椒、料酒、葱、姜、白糖、白醋、湿淀粉适量，色拉油1000克（约耗100克）。

制作过程

1. 鲤鱼宰杀制净，搌干鱼身水分，用刀在鱼身两面斜剞五至七刀（先直刀剞入，再放平刀身向前推进约2~3厘米）。奇异果、圣女果、芒果、火龙果去皮切成0.5厘米见方的丁；嫩豆腐也切成0.5厘米见方的丁。
2. 鲤鱼入盆，放入葱、姜、盐、胡椒、料酒、醪糟汁拌匀，码味10分钟。
3. 将鱼身两面均匀地涂抹上湿淀粉。
4. 炒锅置旺火上，烧油至六成热，把鱼身弯曲，放入油锅中浸炸至熟，打捞起。待油温回升至七成热时，再次放入鱼炸至色泽金黄，即可起锅放于盘内。
5. 净锅烧水至沸，放入上述切好的丁料，氽一水打起沥净水，备用。
6. 炒锅制净，放油少许，烧至五成热，下入番茄酱、什锦果酱、醪糟汁炒匀，掺清水烧沸，放入盐、白糖、白醋，用湿淀粉勾芡，将切好的各种水果丁倒入簸转。
7. 将烧好的芡汁起锅淋于鱼身上即成。

专家解密

1. 鱼剞花刀的刀距要均匀，翻花要想美观，剞刀深度应一致。
2. 鲤鱼码味时间要够，否则底味不足。
3. 炸制前，鱼身抹匀水淀粉，不能用全蛋淀粉。虽然全蛋淀粉附着力强，但遇热后，其质地酥松而不酥脆，淋上滋汁则变软。
4. 鱼下锅时，油温宜高，将鱼炸定型后，再降低油温，浸炸至熟。
5. 淋汁前，将鱼再用高油温回炸一次，以使其表皮酥脆。

原　料

鸡脯肉300克，豌豆50克，番茄50克，胡萝卜50克，哈密瓜50克，午餐肉50克，盐、胡椒、料酒、香油、味精、鲜汤、蛋清淀粉、湿淀粉适量，色拉油500克（约耗50克）。

制作过程

1. 鸡脯肉去净筋膜，剁成0.3厘米见方的丁。番茄、哈密瓜去皮、籽，同胡萝卜、午餐肉分别切成0.3厘米见方的丁。

2. 鸡丁入碗，加入盐、胡椒、料酒、香油、蛋清淀粉拌匀腌制5分钟。

3. 炒锅上火，烧水至沸，分别放入豌豆、胡萝卜煮至断生，番茄、哈密瓜、午餐肉也汆一水，打起放于凉水内漂冷备用。

4. 盐、胡椒、味精、鲜汤、湿淀粉入碗对成滋汁。

5. 净锅烧油至四成热，下入鸡丁滑散籽，将多余的油倒出，下入漂冷的各种丁料炒匀，烹入对好的滋汁，待收汁、亮油后，簸匀起锅装盘即成。

1. 鸡脯肉刀工处理前，先去净筋膜，入清水中浸泡，使肉质发白，以保证成菜色泽洁白。

2. 鸡丁上浆不易过厚，以表面既有浆液又不太明显为度。上浆过厚，肉老易成团；上浆过薄，肉质老。

3. 辅料下锅汆制时，应根据原料质地的老嫩，分别下锅。

4. 鸡丁入锅滑油时，要抖散下锅，以免成团。同时，要控制好油温，油温过低，易脱浆，肉质变老；油温过高，易成团，致使生熟不匀。

【五彩熘鸡米】

特　点　滑嫩鲜香，营养丰富。

熘 【凤梨熘仔排】

特　点　外酥里嫩，甜酸可口。

原　料

猪小排（肋排）300克，凤梨100克，青红椒各50克，洋葱25克，鸡蛋液80克，葱、姜、盐、番茄酱、白糖、白醋、干细淀粉、湿淀粉、胡椒粉、香油、料酒适量，色拉油1000克（约耗80克）。

制作过程

1. 猪排骨洗净，宰成5厘米长的段。

2. 将排骨入碗加盐、胡椒、料酒、鸡蛋液、香油拌匀腌渍20分钟。待入味后逐一扑上干细淀粉待用。

3. 凤梨去外皮，切成厚0.5厘米的块状；青红椒分别洗净、去籽，切成菱形块；洋葱也切成菱形片；葱洗净切成2厘米长的节；姜去皮切成片备用。

4. 炒锅上火，下油少量，烧至五成热，倒入番茄酱炒匀，掺入清水适量，放盐、白糖、白醋调好味，用湿淀粉勾芡，待汁浓稠起锅入碗。

5. 炒锅洗净，重置旺火上，下油烧至六成热，放入肉排炸熟捞起。待油温回升至七成时，再次下入肉排炸至色泽金黄打起沥净油。

6. 锅内留油少许，放入葱节、姜片炒香，下青红椒块、洋葱块稍炒，烹入调好的味汁，倒入排骨簸匀起锅装盘即成。

专家解密

1. 选猪排时最好选用猪排骨的仔肋部位，其肉质最鲜嫩。

2. 排骨待入锅炸制前1分钟才扑上干细淀粉，这样才不会脱粉，只有将干细淀粉紧贴在排骨上，才能炸出香酥的效果。

3. 炸时的油温要控制好，先高油温下锅炸定型，再降低油温后温浸炸至色泽金黄。油温过高外焦内不熟，油温过低易浸油。

4. 凤梨（菠萝）可最后放入锅中，既不会破坏维生素结构，又保持原汁原味，所以不易放入锅中长时间加热。

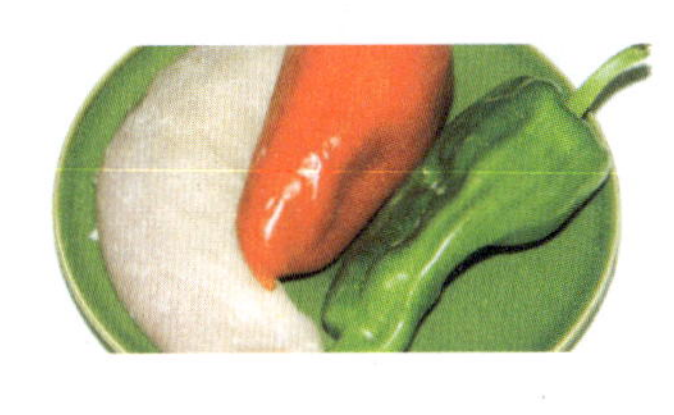

原　料

猪里脊肉300克，青红椒各50克，面包糠200克，面粉100克，鸡蛋液100克，番茄酱、咖喱粉、野山椒、孜然粉、辣椒面、葱、姜、蒜、盐、胡椒、料酒、白糖、白醋、香油、湿淀粉适量，色拉油1000克（约耗80克）。

制作过程

1. 猪里脊肉切成厚0.5厘米、长8厘米、宽4厘米的片，逐一平铺于菜墩上，用刀背轻捶使肉质疏松。青红椒洗净，去蒂、去籽，切成细粒备用；野山椒去蒂，剁成细茸；部分葱切成段，另一半切细花；姜一半切成片，一半切成米粒状；蒜剁成茸。

2. 里脊肉片放入碗中，加入盐、胡椒、料酒、葱段、姜片、香油拌匀腌渍10分钟。

3. 将里脊肉片逐一取出，扑上面粉，裹鸡蛋液，再在两面裹上面包糠。

4. 锅烧油至五成热，下入制好的里脊肉片，炸至熟打起，待油温回升至七成时，再次倒入里脊肉片炸至色泽金黄，打起排放于盘内。

5. 炒锅制净，放于中火上，烧油至五成热，下入青红椒粒、野山椒茸、姜米、蒜茸、咖喱粉、孜然粉、辣椒面、番茄酱炒香，烹入用盐、白糖、白醋、鲜汤、湿淀粉对好的滋汁，待其收汁后起锅淋于里脊肉片上即成。

专家解密

1. 猪里脊肉在切片前应剔尽筋膜，这样才能保证成菜肉质细嫩。里脊肉切片后，可用刀轻轻拍几下，以使其肉质疏松。

2. 肉片码味时，注意盐的用量，不可过淡或过咸。搅拌时应将调味料拌匀，以免咸淡不一。

3. 沾裹面包糠时，可用手轻轻挤压，使面包糠紧紧地粘在肉片上，以防止炸制时脱落。

4. 掌握好炸制时的油温，一般原料下锅和起锅时油温宜高。下锅用高油温以使其原料能定型，起锅用高油温以防止原料浸油。

5. 炒咖喱粉、孜然粉、辣椒面时，火候不易过大，以防止焦煳。

【奇味猪排】

特　点　外酥内嫩，鱼香味浓。

熘 【焦熘羊肉片】

特　点　焦香酥脆，香嫩可口。

原　料

羊里脊肉200克，大葱白50克，洋葱50克，青椒50克，红椒50克，蒜茸20克，盐、酱油、醋、姜水、味精、胡椒、料酒、湿淀粉、全蛋淀粉、鲜汤适量，色拉油1000克（约耗50克）

制作过程

1. 将羊里脊肉切成薄片，用盐、酱油、胡椒、料酒、全蛋淀粉抓匀码味。大葱白洗净，切成马耳朵形；洋葱切成丝；青红椒分别切成菱形片。

2. 炒锅上火，烧油少量至五成热，下入洋葱丝、蒜茸爆香，掺入鲜汤，下盐、酱油、味精、醋、料酒、姜水烧沸，用湿淀粉勾芡，待汁浓稠起锅，装入碗中。

3. 炒锅重置火上，烧油至六成热，下入羊肉片炸至色黄捞起，待油温回升至七成时，重新倒入羊肉片炸至色泽金黄，倒入漏勺沥净油。

4. 锅内留油少量，下入马耳朵葱炒香，倒入制好的芡汁，放入羊肉片、青红椒片翻炒，待芡汁裹匀羊肉片即可起锅装盘。

专家解密

1. 羊肉以选新鲜较瘦的，以羊里脊肉为好。
2. 羊肉切片大小、厚薄应一致，不可过薄，否则成菜肉碎，不成形。
3. 原料码味、扑粉要均匀，以防止肉质老韧。
4. 炸制时，要将羊肉片抖散入锅，以防止粘连。

原　料

猪里脊肉250克，葡萄干30克，洋葱丝30克，青椒30克，红椒30克，葡萄酒、葡萄果汁、蜂糖、葱、盐、胡椒粉、料酒、香油、鸡蛋液、白醋、干淀粉、湿淀粉适量，色拉油500克（约耗80克）。

制作过程

1. 猪里脊肉去净筋膜，片成厚0.5厘米的片，再将其切成0.5厘米见方、8厘米长的条。洋葱、青椒、红椒分别切成丝。

2. 将切好的肉条放入净碗中，用盐、胡椒、料酒、香油、鸡蛋液拌匀腌渍10分钟，扑上干细淀粉备用。

3. 炒锅上火，烧油至六成热，下入肉炸至熟打起。待油温回升至七成时，重新倒入炸至色泽金黄打起。

4. 炒锅上火，烧油至五成热，下入洋葱丝爆香，烹入葡萄酒及葡萄果汁，掺清水，下蜂糖、盐、白醋调好味，用湿淀粉勾芡，待汁收浓，起锅淋于炸好的肉柳上，撒入葡萄干、青红椒丝即可。

专家解密

1. 猪里脊肉进行刀工处理时，注意下刀要均匀，这样才能保证成菜形态一致。
2. 肉条码味时间的长短，要根据盐的用量而定。盐少码味时间可略长，盐多则短。
3. 肉柳下锅炸制时，应逐条放入油锅中，以防止肉条卷曲。
4. 肉柳一般要经两次炸制，第一次将其炸熟，第二次用高油温将其炸黄、炸脆。
5. 此菜制好后，应立即食用，以免味汁将肉柳表面浸润回软。

【葡汁肉柳】

特　点　肉质鲜嫩，果味香浓。

熘【荷香鱼片】

特　点　清香嫩滑，易于吸收。

原　料

净鱼肉250克，番茄2个，菜心100克，胡萝卜50克，荷兰豆50克，水发香菇50克，荷叶1张，葱、姜、盐、胡椒、料酒、味精、鲜汤、蛋清淀粉、湿淀粉适量，色拉油750克（约耗75克）。

制作过程

1. 净鱼肉去皮，片成5厘米长、3厘米宽、0.5厘米厚的片。

2. 番茄每个切成6瓣，片去中间的瓤不用；菜心去老帮、黄叶洗净备用；胡萝卜、荷兰豆分别切成菱形片；水发香菇去柄，斜刀片成片；葱洗净，切成2厘米长的节；姜切菱形片。

3. 鱼片入碗，加入盐、胡椒、蛋清淀粉拌匀，腌渍5分钟。

4. 胡萝卜、荷兰豆、水发香菇、菜心分别入沸水锅汆一水至断生打起。

5. 将荷叶垫于盘底，上边摆上菜心及番茄片成荷花形状。

6. 盐、胡椒、料酒、味精、鲜汤、湿淀粉入碗对成滋汁。

7. 炒锅上火，烧油至五成热，下入鱼片滑散，滗去油，放入葱节、姜片、胡萝卜、荷兰豆、水发香菇，烹入料酒炒匀，勾入对好的滋汁，待收汁亮油，起锅装于用番茄摆成的荷花中即可。

专家解密

1. 制鱼片的鱼，应选用3斤以上的大草鱼，这样的鱼刺少肉厚。

2. 片鱼片应有一定的厚度，不可过薄，太薄熘制时易碎、易散，不成形。

3. 胡萝卜、荷兰豆、菜心入锅汆水时，以断生为度，不可久煮，以免影响口感和营养素的流失。

4. 鱼片下油锅熘的温度不能过低，否则鱼片易碎。根据油量的多少，温度应控制在四至五成。

5. 下入辅料后，烹制时间不可过长，应快速簸匀，烹入滋汁，迅速起锅，以保证成菜的形态美观和色泽光艳。

煎是指以少油量加入锅中，放入经加工处理成泥、粒状的饼，或挂糊的片形等半成品原料，用小火煎熟并两面煎至酥脆呈金黄色的成菜方法。一般适合于猪肉、牛肉、鸡、鸭、鱼、虾等原料。如：合川肉片（煎烹）、家常豆腐（煎烧）、芝麻虾饼（干煎）、盐煎肉（煎炒）。

烹调程序

1. 选料切配。主料宜选用新鲜无异味，滋味鲜香，质地细嫩的原料；辅料选用富有色、香、味、质感特色的原料，如鲜豌豆、火腿、荸荠、冬笋等，切配以颗粒、肉泥及片、饼等规格为主。

2. 调制挂糊。主料是颗粒、肉泥规格的原料，都要与鸡蛋、湿淀粉、味精、精盐等调味品一起搅拌均匀成半成品；主料是饼、片规格的原料，在全蛋淀粉中拌匀或先拖蛋液后，再沾一层面包粉。

3. 煎制。先将煎锅洗净放入大火上，放入植物油脂适量炙锅，然后逐一将半成品做成大小相等的饼，或将拖好蛋液、拌好全蛋糊的片、饼，逐一放入锅中，用小火煎至金黄色、酥脆。

4. 调味装盘。调味的方式有四种：第一种是将原料煎好滗去余油，淋香油簸匀装盘，配椒盐、生菜上桌。第二种是将原料煎好后装盘，浇上复合味汁，如鱼香味汁、茄汁味汁等。第三种是将原料煎好后，锅内留油适量，烹入对好的复合味汁。第四种是将原料煎好，锅内留油适量，放入调味品，掺入鲜汤，加入辅料迅速烧沸入味，勾芡淋明油起锅装盘即可。

工艺流程

原料选择—加工—调制（或挂糊）—煎制—调味—装盘成菜

操作要领

1. 切配颗粒的原料要大小一致。片要厚薄均匀、大小一致。肉泥要粗细相宜。

2. 颗粒原料拌制的半成品，要加入适量的熟肥膘粒，以增加滋润醇香的口感，还要控制好半成品的干稀度，以做成饼后不易变形为宜。

3. 饼、片所挂的糊，要控制好干稀厚薄，其干稀程度以糊在原料上不流不掉为好。厚薄程度以使其菜肴煎制后有酥脆的质感，又不影响菜肴本身的风味为准。

4. 煎制前的原料和半成品的调味都属于基础调味，要突出鲜香味，宜淡不宜咸，为煎制后调味打下基础。半成品的调制和饼片的挂糊，都应与煎制的时间紧密配合，原料才不会因调味而渗出水分，影响成菜的色、香、味、质感。

注意事项

1. 煎制前一定将锅洗净并炙好锅，以免煎制时粘锅。

2. 忌勤翻锅，在锅里煎制时，最忌讳还没煎好就翻动，这样容易把煎的原料翻碎，要等煎好后，再翻过来煎另一面。

3. 煎制时，注意随时加油。煎制的菜肴用油量不可淹没主料，油少时还可随时点入，并随时晃动锅，使所煎制的原料不断转动，一防巴锅，二防上色不匀。

4. 在煎制时，必须以中小火慢慢煎制。

原　料

虾仁50克，鲜鱿鱼50克，蟹柳50克，熟青豆30克，水发香菇30克，洋葱50克，冬笋30克，鸡蛋4个，盐、胡椒、料酒、蛋清、干细淀粉、湿淀粉、香油、色拉油适量。

制作过程

1. 将虾仁、鱿鱼、蟹柳、水发香菇、冬笋分别切成0.8厘米见方的丁；洋葱洗净，剁成粒状。虾仁、鲜鱿鱼放入盆内，放入盐、胡椒、料酒、蛋清、干细淀粉、香油、色拉油拌匀，腌渍约15分钟至入味。

2. 将虾仁、鲜鱿鱼、蟹柳、水发香菇、冬笋分别放入沸水锅中，氽一水打起沥干水气。

3. 鸡蛋去壳，蛋液入碗，加入盐、湿淀粉搅匀。

4. 炒锅上火，烧油至五成热，放入洋葱粒炒香，随即倒入蛋液。待煎至定型后，撒入各种丁料，煎至蛋全熟起锅，改刀成块，装入盘中即成。

专家解密

1. 入锅氽水的各种原料，要注意下锅氽水的时间，质老的先下锅，质嫩的后下锅。
2. 蛋液要调匀。
3. 煎制时，可先将蛋液倒一半入锅略炒，再倒入剩余的部分煎制。

【海鲜煎蛋角】

特　点　入口酥软，色黄味香。

煎 【麻辣土豆丝】

特　点　色泽金黄，麻辣酥脆。

原　料

土豆250克，干细淀粉100克，吉士粉、盐、辣椒面、花椒面、味精、色拉油适量。

制作过程

1. 土豆切细丝，漂于清水内。
2. 土豆丝入沸水锅中氽一水，打起沥净水分。
3. 干细淀粉、吉士粉拌匀，再将土豆丝的表面均匀地扑上粉料。
4. 锅中烧油至五成热，撒入土豆丝，在锅内将其制成圆饼状，煎至色黄酥脆。
5. 将土豆丝饼打起装入盘中，均匀地撒上盐、辣椒面、花椒面、味精即可。

专家解密

1. 切土豆丝时，应粗细均匀，煎时成型才美观，而且香脆度才一致。
2. 土豆丝下锅前，应先将锅炙好，否则土豆丝下锅易粘锅。
3. 煎制过程中要控制好火候。煎时用中小火，待其酥脆要起锅时改用大火，以免火力小浸油。

原　料

银鳕鱼250克，面包糠100克，大蒜200克，青椒20克，红椒20克，葱、姜、盐、蒜粉、胡椒、料酒、味精、干细淀粉、色拉油适量。

制作过程

1. 银鳕鱼洗净，切成1厘米厚的片。

2. 大蒜去皮，洗净，剁成粒状；青椒、红椒去蒂、去籽，也切成粒；葱切段；姜拍破备用。

3. 银鳕鱼入盆，加入盐、胡椒、料酒、葱、姜、蒜粉拌匀，腌渍10分钟。

4. 将银鳕鱼两面扑上一层干细淀粉，入加有少量油的平底锅中，将两面煎至色泽金黄打起。

5. 大蒜粒、面包糠分别入五成热油锅中，炸至酥香，捞起，沥净油。锅内留油少许，放入青红椒粒炒香，倒入蒜米、面包糠，放盐、味精炒匀，起锅盖于煎好的鳕鱼上即可。

专家解密

1. 银鳕鱼含水量较重，在扑干细淀粉前，可用干净毛巾将表面水气搌干，以防扑粉过厚，影响口感。

2. 银鳕鱼扑干细淀粉时，可加入适量吉士粉，可使其更加鲜香。

3. 炸大蒜粒及面包糠时油温不可过高，否则易煳或色泽深。

【蒜香银鳕鱼】

特　点　鳕鱼细嫩，蒜香味浓。

将经加工处理后的主料，置于微沸的液体传热介质中，慢火加热至刚刚熟，再淋芡汁或调味汁，或跟佐料而成菜的烹调方法称为浸。

浸法多用鲜嫩的整料，如整条的鱼和整只的鸡为原料，这些原料浸于液体传热介质中，用慢火加热，在温度不很高的条件下，慢慢成熟，至刚熟时即取出，这样烹制而成的菜肴，肉鲜且嫩滑。

*油浸

原料经刀工处理和腌制后，放入适当温度的油中，用慢火加热，浸至刚刚熟，淋入调味汁成菜的方法称为油浸。油浸与汆所用的油温差不多，但方法有区别，汆是将原料投入冷油中直接加热到成熟的过程，而油浸是将冷油直接加热到热油，再投入原料使之成熟的加工过程，前一种是升温的过程，后一种是降温的过程。

油浸法以食用油为传热介质，烹得的菜肴常具有外香内嫩滑的特点。

烹调程序

1. 生料用调味料腌制。
2. 猛火烧锅，加入色拉油，把油加热至合适温度。
3. 投入生料，改用慢火加热，浸至刚刚熟，取出上碟。
4. 加料头，煎沸油。
5. 调制调味汁，并淋于浸熟的物料上。

工艺流程

原料初加工原料刀工投入已升好温的油中反复加热至原料成熟

操作要领

1. 选料范围：质地较嫩的动物性原料。
2. 刀工成形：小型原料或整形原料。

注意事项

1. 油浸时用油要多于原料，一般为4∶1，以便于使原料浸于油中。
2. 加热时，油温降低后再升温，这样反复加热直至原料成熟。
3. 为了保持原料的嫩度，在加工前尽可能不调味，以防水分流失，使肉质发硬。

成菜特点

色泽悦目，口味鲜嫩，质感软嫩。

＊水浸

将生料放入微沸的水中，用慢火加热至刚刚熟后，淋上芡汁成菜的方法称为水浸。

水浸法用微沸的水作为传热介质，原料在加热过程中失水较少，故产品具有新鲜嫩滑的特点。

烹调程序

1. 清水用猛火加热至微沸。

2. 加入生料，改用慢火加热浸至刚刚熟（或把沸水倒入瓦盆中，加入生料，加盖，浸至熟），取出，上碟。

3. 加入料头。

4. 调芡汁，淋于浸熟的物料上。

＊汤浸

将生料放入微沸的汤中，用慢火加热，浸至刚刚熟，淋芡汁或跟佐料而成菜的方法称为汤浸。

用汤浸法烹制的菜肴能较好地保持原料特有的鲜味，而且肉质嫩滑。

烹调程序

1. 猛火加热，把汤烧至微沸。
2. 投入生料，用慢火加热，浸至物料刚刚熟，取出，斩件，装碟。
3. 调芡汁，淋于浸熟的物料上或跟佐料上席。

浸

【油浸粟米鸡】

特　点　色彩鲜艳，质嫩清鲜。

原　料

嫩仔鸡1只（约750克），粟米羹罐头1听，嫩玉米粒100克，胡萝卜、西芹、香菜、盐、胡椒、料酒、糖色、白糖、湿淀粉适量，色拉油1000克（约耗75克）。

制作过程

1. 仔鸡洗净，剁去脚爪，放入盆中，加入胡萝卜、西芹、香菜、盐、胡椒、料酒、糖色拌匀，腌渍约45分钟。

2. 嫩玉米粒入锅煮至熟，打起备用。

3. 炒锅上火，烧油至四成热，下入仔鸡浸炸至刚熟，打起沥净油。

4. 将炸好的仔鸡剁成块，摆放于圆盘内。

5. 粟米羹入锅，掺入清水，烧沸后撒入嫩玉米粒，放入盐、白糖成咸甜味，用湿淀粉勾芡，起锅舀于装鸡的盘内即成。

专家解密

1. 腌渍时应用调味料抹匀鸡的内外，最后将调味料填入鸡腹内，以使其调味料的鲜香味能更好地浸入鸡肉中。

2. 腌制的时间一定要足，否则鸡肉不香。注意盐的用量，不可过咸。

3. 炸制仔鸡时，油温不宜过高，以防外焦黑而内不熟。

4. 调制粟米羹时，水淀粉下锅前先用清水稀释调散，不能夹杂粉粒、疙瘩，以防止成团。

原 料

仔鸭1只（约750克），橙3个，浓缩橙汁、姜、葱、盐、胡椒、料酒、糖色、白糖、白醋、湿淀粉适量，色拉油1000克（约耗75克）。

制作过程

1. 仔鸭洗净，剁去脚爪，加盐、胡椒、料酒、姜、葱、糖色码味30分钟。
2. 炒锅上火，烧油至四成热，放入仔鸭浸炸至熟，打起沥净油。
3. 仔鸭剁成条，摆于圆盘中间。
4. 橙洗净，1个切8瓣，用刀片去皮，围于仔鸭周围。
5. 浓缩橙汁、盐、白糖、白醋、清水、湿淀粉在锅中对成汁，淋于盘内橙汁上即可。

专家解密

1. 鸭不宜选择过大的，以选择750克左右的为宜，这样的鸭子易于入味，浸炸时也容易成熟。

2. 仔鸭码味时间要足，注意控制好糖色的用量，太少色浅、不红亮；过多，色深、易炸焦。

3. 炸仔鸭时，油温不宜太高，以免炸焦或色黑。

【香橙浸仔鸭】

特 点 肉嫩味鲜，果香味浓。

浸 【孜然油浸鱼】

特　点　鲜香油润，孜然味浓。

原　料

草鱼1尾（约重600克），生菜叶100克，洋葱30克，青椒30克，红椒30克，孜然、辣椒面、花椒面、葱、姜、蒜、盐、胡椒、料酒、味精、香油各适量，色拉油1000克（约耗75克）。

制作过程

1. 草鱼宰杀制净，刮去鳞，去掉背部大骨。
2. 将鱼入盆，加入姜、葱、盐、胡椒、料酒腌渍约20分钟。
3. 洋葱、青椒、红椒分别切成米粒状；葱切葱花；蒜剁茸。
4. 炒锅上火，烧油至四成热，下入鱼浸炸至熟，打起装入垫有生菜叶的盘内。
5. 锅内倒去炸油，放入洋葱粒、青红椒粒、蒜茸、孜然、辣椒面炒香，下盐、味精炒匀，淋入香油，起锅淋于鱼身上，撒上花椒面、葱花即可。

专家解密

1. 宰杀草鱼时，应注意不要将苦胆弄破，以免影响成菜口味。在清洗时，要洗净鱼身血污，并去除鱼腹部的黑膜，否则成菜后有腥味。
2. 鱼入盆码味时间要足，防止底味不足。
3. 浸炸时，油温不宜过高，要将鱼炸透、炸酥。
4. 炒孜然粉、辣椒面时火候不宜过大，以防止炒焦。

原　料

草鱼1尾（约600克），胡萝卜50克，口蘑50克，荷兰豆50克，菜心50克，香菜10克，干辣椒、花椒、葱、姜、蒜、盐、胡椒、料酒、味精、鲜汤、色拉油适量。

制作过程

1. 草鱼宰杀、洗净，剁下鱼头、尾，将鱼肉片成厚0.5厘米的蝴蝶片。

2. 将鱼头、尾、鱼片分别入碗，加盐、胡椒、料酒、葱、姜腌渍约10分钟。

3. 胡萝卜、口蘑、荷兰豆切成菱形块；菜心去老帮、黄叶，洗净；葱切马耳朵形；姜蒜切片备用。

4. 鲜汤入锅，烧至微沸，放入鱼头、尾浸熟，打起分别摆于盘的头尾。胡萝卜、口蘑、荷兰豆、菜心下锅，略煮至断生，打起沥净水，装于盘中垫底。

5. 另换鲜汤烧至微沸，撒入鱼片略浸煮，待肉熟，打起装入盘中。

6. 干辣椒入锅掺清水煮至回软。炒锅洗净，烧油至五成热，放入马耳朵葱、姜蒜片炒香，下煮回软的干辣椒以及花椒，炒至辣椒色红味香，放入盐、味精调好味，起锅淋于鱼片上即成。

专家解密

1. 蝴蝶片即先一刀将鱼片片开至皮，但不片断，第二刀再将其片断，将片好的鱼片展开，就像蝴蝶一样，故名蝴蝶片。

2. 鱼肉片片时，不宜太薄，否则成菜后鱼片易碎、烂，不成形。

3. 干辣椒放入清水锅中煮至回软的目的是使辣椒在炒制时不易焦煳，辣味更足，色彩更艳。

4. 洗菜心时，要注意将菜心梗部的泥沙洗净，可适当用清水浸泡，并搅拌，以使泥沙脱落。

5. 煮鱼片的汤烧至微沸即可下鱼片，若完全沸腾，鱼片下锅容易被冲碎。

【红袍汤浸鱼】

特　点　色白细嫩，麻辣香醇。

浸【豆花香水鱼】

特　点　细嫩鲜香，咸鲜微辣。

原　料

武昌鱼1尾（约500克），内脂豆腐1盒，芹菜50克，姜、葱、蒜、泡辣椒、盐、酱油、胡椒、料酒、白糖、醋、味精、鲜汤、湿淀粉、色拉油适量。

制作过程

1. 武昌鱼宰杀制净，将背部肉厚处剞两刀，放入盆中加入盐、胡椒、料酒、葱、姜腌渍10分钟。

2. 内脂豆腐打成厚1.5厘米的片；芹菜、葱分别切成细花；姜、蒜切米粒；泡辣椒剁成茸。

3. 鲜汤入锅烧至微沸，下入鱼浸煮至熟，打起装入盘中。

4. 炒锅上火，烧油至五成热，放入泡辣椒茸、姜蒜米、芹菜花炒至油红味香，掺入鲜汤，放入内脂豆腐，下盐、胡椒、酱油、白糖略烧，待豆腐入味时，撒入芹菜花，勾入醋、味精，用湿淀粉勾芡。

5. 将烧好的豆花淋于武昌鱼上，撒上适量葱花即可。

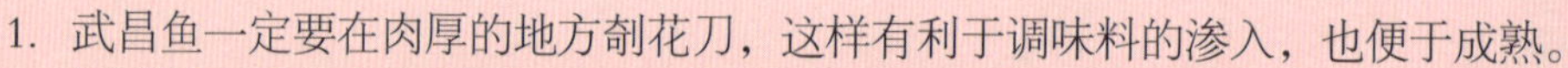

专家解密

1. 武昌鱼一定要在肉厚的地方剞花刀，这样有利于调味料的渗入，也便于成熟。
2. 浸煮时，注意火力不可过大，要保持鱼形及鱼皮的完整。
3. 内脂豆腐切片不可过薄，应有一定的厚度，避免成菜后散碎。
4. 料汁勾芡，注意湿淀粉的用量，不能太清，否则不能粘附在鱼体上。

原　料

草鱼300克，凉粉200克，芽菜20克，盐酥花仁20克，小米辣椒、葱、姜、蒜、红油辣椒、花椒面、盐、酱油、白糖、醋、味精、胡椒、料酒、香油适量，色拉油1000克（约耗75克）。

制作过程

1. 草鱼洗净，剔去骨刺，切成2.5厘米大的块。

2. 将鱼块放入盆中，加入葱段、姜片、盐、胡椒、料酒腌渍约30分钟。

3. 凉粉改刀成2厘米见方的块；盐酥花仁去衣，用刀压碎；小米辣椒切成粒；葱部分切成长段，部分擦手切细花；姜切片；蒜剁茸。

4. 炒锅上火，烧油至四成热，将鱼块放入锅中，移至小火，浸炸至鱼块酥香熟软。

5. 将鱼块和凉粉放入盆中，放入小米椒、葱花、蒜茸、红油辣椒、花椒面、盐、酱油、白糖、醋、味精、香油拌匀，装入盘中即成。

专家解密

1. 在剔鱼的脊骨和片胸刺时，应尽量少带鱼肉，以提高出料率。鱼肉在刀工处理前，可先放入清水中浸泡至无血水，使肉质发白。

2. 鱼块码味时，注意盐的用量，不可过咸或无味。

3. 浸炸时，注意适时将锅摇动，避免鱼皮粘锅。

4. 拌凉粉时，可先将各种调味料充分拌匀，再下入凉粉和鱼块。搅拌时，也要注意动作不宜过大，避免鱼肉、凉粉碎烂。

【凉粉鱼】

特　点　鱼排酥软，凉粉麻辣。

浸【酸汤基围虾】

特　点　汤鲜酸辣，虾肉细嫩。

原　料

基围虾250克，泡酸菜100克，水发粉丝100克，野山椒、泡辣椒、葱、姜、蒜、盐、胡椒、料酒、味精、白醋、鲜汤、色拉油适量。

制作过程

1. 泡酸菜切成片；泡辣椒去蒂、去籽，切成马耳朵形；姜切米粒；蒜剁茸；葱切葱花。
2. 炒锅上火，烧清水至沸，倒入粉丝煮至熟，起锅装入盆内。
3. 炒锅重置火上，烧鲜汤至沸，改用小火，保持汤微沸，倒入基围虾，浸煮至熟，舀起也装入盆内。
4. 锅内放油少许，下入姜米、泡酸菜、泡辣椒、野山椒炒香，掺入鲜汤，用盐、胡椒、料酒、味精、白醋调好味，起锅淋于基围虾上。
5. 将蒜茸、葱花撒在汤面上，油烧至五成热，淋于其上即可。

专家解密

1. 虾要选鲜活的，并且大小应一致。
2. 浸煮时，火不宜过大，以保持汤微沸为好。浸煮的时间也不宜过长，否则虾肉变老，影响口感。

炸

炸是将经过加工处理的原料，放入大油量的热油锅中加热至熟的烹调方法。炸是烹调方法中一种重要技法，应用的范围很广，既是一种能单独成菜的方法，又能配合其他烹调方法，共同成菜。炸的技法，以旺火、大油量、无汁为主要特点。油炸菜肴根据制作方法和成菜质感风味的不同，可分为清炸、酥炸、软炸、卷包炸等几种。

✲清炸

清炸是将原料加工后，不经过挂糊上浆，只用调味品码味浸渍，直接放入油锅用旺火加热使之成熟的烹调方法。清炸的特点是菜肴外香脆，里鲜嫩。适合清炸的原料，主要是新鲜易熟，质地细嫩的仔公鸡、兔、里脊肉、猪腰、鸡肫等。

烹调程序

1. 加工原料。清炸的原料在刀工前要清洗干净，适合清炸的主要是花形和整形原料。花形原料要求形体大小均匀，锲刀的刀深以能翻花为度，整形原料要用尖刀在原料上均匀地戳一遍，仔公鸡还需要在大腿内侧贴骨割一刀口，易于入味，清炸时易于受热成熟。

2. 原料码味浸渍。清炸的原料必须进行码味，浸渍的时间应根据原料性质和形状的大小而定。码味一般都选用精盐、料酒、姜、葱等调味品，并掌握在基本咸味的程度上。

3. 清炸成菜。花形原料基本上采用复油炸制的方法。第一次初炸用旺火，五至六成油温炸至翻花定型呈初熟程度，第二次复炸用旺火，六至七成油温炸制使之成熟，以复油炸制达到菜肴呈外香脆内鲜嫩的质感。

工艺流程

选择原料—加工处理—码味浸渍—清炸原料—装盘配味—成菜

操作要领

1. 原料码味要均匀，浸渍入味后才能油炸。成菜装盘后，有的随同菜肴镶放糖醋生菜，有的随同菜肴单独放置复合调味品，如椒盐碟、番茄沙司、辣酱碟、甜酸汁、鱼香汁等，要避免口味单调，以形成清炸菜肴的多种风味。

2. 根据原料形态不同，分别掌握好油温。花形原料，复炸两次，第一次油炸的油温低，时间长，第二次复油炸制的时间短，油温高。整形原料，间隔油炸，由于原料体形较大，宜用温油较长时间浸炸使之内里熟透外皮不焦，保证质嫩香鲜。由于成熟时间较长，油温宜先略高至中火反复浸炸至刚熟，最后以较高油温炸约1分钟，使原料表面达到菜肴要求的质感和颜色。

注意事项

1. 清炸原料最宜选用料酒码味。成菜色香味均佳，而不用醪糟汁。慎用或不用酱油，防止原料经油炸上色变黑。

2. 清炸最后成菜后是整形原料的要迅速刀工装盘，及时上桌，保证菜肴质感的食用效果。

3. 注意火候和炸制时间的控制：火力过小，时间过长会引起大量脱水，影响口感，使成菜干裂，关键是要掌握半成品的老嫩、形状大小来选择油温，掌握火候。

成菜特点

外脆里嫩，口味清香。

软炸

软炸是将质嫩而形小的原料，经码味挂糊后放入中油温锅中炸至成菜的烹调方法。或将主料炸两次，第一次用温油炸至主料外层凝固、色泽一致时捞出；第二次用高温油炸至成熟。软炸的菜肴具有外酥香、内鲜嫩的特点。适合软炸的原料主要是鲜嫩易熟的鱼虾、鸡肉、里脊肉、腰、肚仁、鸡、鸡胗、土豆、口蘑等。

烹调程序

1. 原料加工。软炸的原料需要去骨去皮，除净筋缠，为了增加调味品的渗透和细嫩的质感，应在坯料上锲一定深度的刀口，再按菜肴需求加工成小块、小条等。选用质地新鲜无异味的动植物原料。

2. 码味。软炸码味常用的调味品是：精盐、胡椒粉、料酒、姜葱，码味时咸度要高一些，基本达到成菜咸味的标准，码味浸渍时间在10~20分钟，可保证入味效果。

3. 挂糊。软炸所挂的糊主要是蛋清糊、全蛋糊，要掌握好糊的干稀度，一般保持糊在入锅前不流不掉为准。

4. 炸制。软炸以复油炸制为主，第一次用中火，四至五成油温，将原料分散入锅，炸至断生呈浅黄色，第二次用旺火，约六成油温，炸至刚熟呈金黄色，滗尽炸油，淋香油簸匀，运用相应形式装盘。

5. 装盘。软炸菜肴装盘有镶配生菜或蘸椒盐末，镶配葱酱等形式。佐餐调料的摆放方法有三种：一是放在菜品盘内边上，二是撒在菜品表面，三是随菜品另放味碟、料碗。

工艺流程

选择原料—刀工—码味—挂糊—油炸—装盘—成菜

操作要领

1. 选料新鲜。要选择新鲜无异味，质地好的原料。

2. 码味适宜。码味只宜用料酒，并掌握好料酒的量。成菜后不能表现出酒味。码味中将各种调味品渗透均匀，防止调味分布不匀。

3. 挂糊得当。花形原料挂糊，宜干宜少，既要保证原料翻花，又要达到软炸的效果。原料码味后，要在油炸之前才挂糊，挂糊后立即放入油锅内炸制。

4. 第一次油炸捞出原料，可放置适当时间，以保证对原料的热传递效果，防止外焦内不熟。第二次复油炸制要掌握酥皮、色泽的效果及成熟程度。第一次用旺火热油，原料码蛋清豆粉，下锅炸至紧皮捞起，也就是基本定型。第二次用旺火旺油，投料入锅，炸至原料色微变，捞起装盘。第一次炸制为五六成油温，第二次七八成油温。如：炸指盖（指盖是指保肋和五花之间的一块肉，因为它是肥瘦相连）、炸仔鸡、炸冬笋、软炸口蘑（可以码蛋清豆粉炸制，也可以包一层鸡糁或鱼糁去炸制，炸制时要注意形状，根据筵席的档次高低来定）、软炸肚头（剞花刀，炸成浅黄色，上葱酱碟）、炸荷花。

注意事项

1. 软炸时要用植物性油脂，并且油脂要干净，才能保证色、香、味的效果。
2. 挂糊后原料应逐个下入油中，炸好取出后要掐去尖叉部分，使之外形美观。
3. 起锅前要滗尽炸油，再加入适量香油。

成菜特点

1. 色泽金黄或浅黄。
2. 外表略脆，内里软嫩。
3. 口味清淡、鲜香。

酥炸

酥炸是将糕状半成品，挂糊、拍粉或指将原料码味蒸至软熟或烧煮入味至软熟或烧煮入味至软熟，挂糊或拍粉（有的不挂糊拍粉）后放入油锅炸至成菜的烹调方法。酥炸菜肴具有外酥松内软熟或细嫩的特点。适合酥炸的原料范围较广，有家禽、家畜、鱼虾等动物性原料。如：蛋酥鸭子、锅酥牛肉、桃酥鸡糕、网油鸡卷、炸春卷、炸蒸肉等。

烹调程序

1. 加工原料。酥炸原料的加工方法多种，有的需要出骨，甚至整料出骨，有的将原料加工成肉泥，如鸡、鸭、兔、鱼虾等，有的先将原料修整好，再蒸、煮、卤，如猪牛羊肉等，有的要将原料先洗净焯水，如猪肘、猪肠头等。

2. 原料码味或制泥。蒸、煮、卤的原料都需要码味，调味品要抹匀，浸渍入味，加工的肉泥要与鸡蛋、淀粉、清水、精盐等调辅料搅拌制成糊。

3. 原料初步熟处理。酥炸的原料，必须经初步熟处理制成软熟程度或细嫩质感的半成品。初步熟处理一般有三种方式：第一种蒸制，酥炸的半成品，大部分是通过蒸制熟处理的，蒸制适合于去骨和带骨的家禽或猪肉、猪肠头等原料。第二种烧煮，酥炸的半成品，通过烧煮熟处理的范围不广，只适合牛羊肉。第三种糕蒸，将搅拌好的茸泥糊，用中火蒸制成厚约3厘米的肉糕半成品，凉透后，改切成厚片或条形。

4. 挂糊拍粉。一般需挂糊或拍粉的都是无骨或肉糕的片、条、块形状原料，适合酥炸的糊，有全蛋糊和脆浆糊，粉有面粉、淀粉、面包粉，可根据菜肴需要选择性使用。挂糊的方式，有单纯挂糊或拍粉的，也有先挂糊后拍粉的。

5. 酥炸。半成品不论是否挂糊拍粉，酥炸基本采用复油炸制的方法。第一次油炸用五至六成热油温，达到外皮发挺，挥发水气，基本松泡，初步上色的目的。第二次油炸用六至七成油温，把沾附和渗入半成品的油分逼出，达到酥松发脆、色泽金黄的特点。整形原料的菜肴，酥炸后要立即刀工，斩成条块，装盘还原成形，及时上桌食用。

工艺流程

原料加工—码味（制泥）—蒸制（烧煮或糕蒸）—挂糊拍粉—酥炸—装盘成菜

操作要领

1. 需要整料出骨的鸡鸭，要符合整料出骨的要求，以保证熟处理的质量。

2. 半成品挂糊的赶稀厚薄，拍粉的多少要根据半成品与糊粉的性质而定。一般富含油脂或软熟程度良好的可多拍一些粉；脆浆糊可重一点；全蛋糊应恰当；面粉、面包粉可多沾一点；淀粉应恰当。

3. 初步熟处理和酥炸是两个直接关系到食用效果的关键环节，初步熟处理既要有正确的复合味感，又要达到良好的软熟程度。酥炸时要掌握好半成品的数量和形体，挂糊拍粉的时间、火力大小、油量的多少、油温的高低、油炸的程度等方面，不挂糊拍粉的半成品，还要保护好外皮的完整。

4. 酥炸菜肴装盘时，根据需要可淋适量香油，或随配椒盐、葱酱等味碟，或镶放生菜，起到调剂口味，增加风味的作用。

注意事项

1. 肉类泥糊经搅拌后，应先取少量试蒸，调剂好细嫩程度，再进行糕蒸，以保证成菜的质感。

2. 烧煮类在熟处理过程中，要掌握好汤量、火力、调味等，以防止鲜香味损失。

3. 半成品下锅酥炸前，要擦干水分，趁热油炸，防止因原料带上水分，引起油爆伤人。

成菜特点

1. 色泽淡黄或金黄、深黄。

2. 生料挂酥炸糊的菜肴表层涨发饱满，松酥香绵；煮酥或蒸酥后炸制的菜肴质地肥嫩、酥烂脱骨。

3. 味美可口，香气扑鼻。

另外，简单介绍一下浸炸、油淋、卷包炸等炸制的方法。

浸炸：在外地叫氽，分油氽、水氽。是一种将经加工处理的原料，放入温油锅中，让油温慢慢地升高，使原料炸透的方法。多用于烹制原料结构紧密，质地要求松脆的菜肴。如：油酥花仁、灯影牛肉、五香鸭子、烟熏排骨、香酥肉卷、辣酥鸡。

油淋：将经加工处理的整形原料，不入油锅，用滚油反复的淋烫，使其加热或成熟的方法。多用于烹制质地细嫩或已经制熟却又凉了的原料。适用于鸡、鸭、鹅、兔等原料。成菜具有色泽红亮、皮酥肉嫩、不失原味，不浸油的特点。如：油淋仔鸡、油淋兔、油淋鸭、油淋鹅。

最后介绍一种特殊的炸制方法——皮包炸（又叫卷包炸）。所谓皮包炸就是将经过刀工处理（或不经刀工处理）的原料，先加各种调味品拌匀入味后，再用可食用的薄皮包成一定的形状，然后投入热油锅中炸制成菜的一种烹饪方法。皮包炸菜肴的特点是：色泽明快，外皮酥脆，内部软嫩，香气浓郁。常见的皮包炸菜品有："荷包里脊""腐皮蜗牛""包炸大虾""千张米粉肉""凤衣海鲜饺"等等。

原　料

乳鸽1只，虾片30克，柠檬2个，洋葱、胡萝卜、西芹、香菜、青椒、红椒、葱、姜、浓缩柠檬汁、盐、胡椒、料酒、白糖、白醋、饴糖、浙醋、清水、湿淀粉适量，色拉油1000克（约耗50克）。

制作过程

1. 乳鸽宰杀制净，放入盆中，加入切碎的柠檬、洋葱、胡萝卜、西芹、香菜、青椒、红椒、葱、姜、盐、胡椒、料酒、浓缩柠檬汁拌匀，腌渍45分钟。

2. 炒锅内烧清水至沸，放入乳鸽，煮至断生打起。

3. 将乳鸽表面水气擦净，趁热均匀地涂抹上一层饴糖与浙醋对好的汁，然后将乳鸽挂起晾干。

4. 炒锅上火，烧油至五成热，放入乳鸽炸至色泽大红，表皮酥脆，捞起。

5. 将乳鸽宰成件后，在盘中摆回原形状。然后将虾片炸酥，堆放于盘内。

6. 浓缩柠檬汁、盐、白糖、白醋、清水、湿淀粉、色拉油入锅对成滋汁，起锅装入味碟中，一同上桌即可。

专家解密

1. 乳鸽宰杀后应洗净血污，否则会影响成菜的色泽。也可将乳鸽放入清水中浸泡至无血水。

2. 乳鸽入锅煮至断生即可，不可久煮。

3. 抹饴糖要趁热，否则不易上色。抹饴糖要均匀，这样炸出来的乳鸽色泽才一致。

4. 炸制时油温不宜过高，否则易炸焦。

【香柠乳鸽】

特　点　皮脆肉嫩，色泽红艳。

炸 【芝麻蛋黄卷】

特　点　芝麻酥香，蛋黄细嫩。

原　料

咸蛋黄200克，芝麻100克，鸡蛋5个，干细淀粉、蛋清淀粉适量，色拉油1000克（约耗50克）。

制作过程

1. 咸蛋黄入蒸箱蒸至熟，用手搓成条状。
2. 鸡蛋液加入盐打匀，入锅摊制成蛋皮。
3. 蛋皮切成10厘米见方的片，逐一裹咸蛋黄，制成蛋卷，用蛋清淀粉封口。
4. 将蛋卷入蛋液中裹匀，再沾上一层芝麻。
5. 油锅上火，烧至四成热，放入芝麻蛋卷炸至芝麻酥香色黄即可打起装盘。

专家解密

1. 蒸咸蛋黄时，注意不要蒸上水，可用保鲜膜封好口，以免蒸汽水滴入。
2. 咸蛋黄搓条时，用力不可过重，否则咸蛋黄易散碎。
3. 蛋皮裹蛋黄制卷时，封口要严，以免炸时进油。
4. 蛋卷沾匀芝麻后，可用手轻轻按实，以防止芝麻脱落。
5. 炸制时油温不宜太高，过高芝麻易焦煳。

原料

猪排骨300克，小番茄50克，菠萝50克，香瓜50克，苹果50克，卡夫奇妙酱、姜、葱、盐、胡椒、急汁、生抽、玫瑰露酒、松肉粉、白糖适量，色拉油500克（约耗50克）。

制作过程

1. 猪排骨洗净，剁成3厘米长的段。

2. 姜、葱、盐、胡椒、急汁、生抽、玫瑰露酒、松肉粉、白糖入盆调匀，放入排骨腌渍约45分钟。

3. 菠萝、香瓜、苹果、小番茄切成2厘米大的丁。

4. 炒锅上火，烧油至五成热，放入腌渍好的排骨，炸至酥香、金黄，打起沥净油。

5. 卡夫奇妙酱入盆，放入盐、胡椒调好味，再放入炸好的排骨以及菠萝、香瓜、苹果、小番茄拌匀，装入盘中即成。

专家解密

1. 排骨剁段的长短要一致，肉厚的部分可在剁段前片去部分肉，以保证形状一样，规格一致。

2. 排骨码味后，可放入冰箱冷藏，随用随取。

3. 炸排骨时应高油温下锅，低油温浸炸。若下锅油温太低，粘附在排骨表面的调味料易脱落。

4. 应将排骨晾至稍凉后再拌入卡夫奇妙酱，否则卡夫奇妙酱受热后易化。

【奇妙焦香骨】

特　点 味型奇特，焦香酥软。

炸 【脆炸金箍棒】

特　点　外酥内嫩，色泽金黄。

原　料

净鱼肉300克，面粉100克，鸡蛋1个，干细淀粉20克，卡夫奇妙酱30克，番茄酱30克，生菜叶50克，泡打粉、盐、胡椒、料酒、葱、姜适量，色拉油1000克（约耗75克）。

制作过程

1. 净鱼肉洗净，切成10厘米长、1厘米见方的条。
2. 鱼条放入碗中，加入盐、胡椒、料酒、葱、姜腌渍约5分钟。
3. 盐、面粉、干细淀粉、泡打粉、鸡蛋清、色拉油调匀成脆浆。
4. 炒锅上火，烧油至五成热，将鱼条逐一裹匀脆浆，入锅炸至色黄打起，待油温回升至七成热时，重新倒入炸至色泽金黄。将鱼条打起排放于垫有生菜叶的盘内，配卡夫奇妙酱、番茄酱味碟上桌即可。

专家解密

1. 鱼要选择稍大一点的，以3斤以上为宜。若鱼太小，切出的条不成形，而且炸制时易卷曲。
2. 调制脆浆糊应选用低筋面粉，否则炸后不脆。面粉与干细淀粉的比例为5∶1。调制脆浆糊的用油量可稍大，否则炸后表面不光滑。
3. 调制脆浆糊时还应注意调制速度要快，不可过多地搅拌，以防止面粉起筋，影响成菜的质量。
4. 炸制时，油温宜高，泡打粉遇高温会分解出二氧化碳，使制品疏松香脆。

原　料

猪里脊肉250克，果酱50克，面包糠100克，鸡蛋2个，面粉50克，盐、胡椒、料酒、嫩肉粉、姜葱汁、醪糟汁适量，色拉油1000克（约耗50克）。

制作过程

1. 猪里脊肉切成8厘米长、0.3厘米厚、5厘米宽的片。

2. 切好的肉片入碗，加入盐、胡椒、料酒、嫩肉粉、姜葱汁、醪糟汁拌匀，腌渍约10分钟。

3. 将肉片逐一取出，拍上一层面粉，入蛋液中裹一圈，再将两面扑上面包糠。如同此法，将肉片制完。

4. 炒锅上火，烧油至五成热，逐一放入肉片，炸至色泽金黄，打起，装入盘中，配果酱碟上桌即可。

专家解密

1. 里脊肉切片的厚薄要均匀，码味时间要足，否则味道咸淡不一或底味不足。切好的里脊肉片可用刀背捶松，这样易入味。

2. 肉片拍粉要均匀，否则没沾粉或沾粉少的地方，肉质会较老。

3. 炸制时控制好油温，以五成热为好。若油温过高外焦内不熟，油温过低，肉片易浸油。

【酥炸肉排】

特　点　色泽金黄，酥香可口。

炸【土司凤翅锤】

特　点　细嫩酥香，形似铜锤。

原　料

鸡中翅400克，土司150克，生菜叶100克，鸡蛋2个，面粉50克，香菜、姜、葱、盐、胡椒、美极鲜、玫瑰露酒、急汁、白糖适量，色拉油1000克（约耗75克）。

制作过程

1. 鸡中翅剁去一头，将肉向下翻，使鸡皮向内，肉向外，留筋与鸡大骨相连，去小骨，如此法制完。
2. 土司切成小粒状；香菜剁碎；姜切米粒。
3. 鸡翅入盆，加入香菜碎、姜米、葱、盐、胡椒、美极鲜、玫瑰露酒、急汁、白糖腌渍45分钟。
4. 油温烧至五成热，放入鸡翅炸至色泽金黄、肉熟鲜香时，起锅装入垫有生菜叶的盘内即可。

专家解密

1. 鸡中翅选大小一致的，以保证成菜后形态一致，规格统一。
2. 鸡翅腌制时间要足，以免不入味。
3. 土司粒要均匀的粘附在鸡翅表面。
4. 炸制鸡翅时，下锅的油温控制在六成，然后将锅端离火口，用五成油温浸炸。高油温下锅目的在于将其炸定型，低油温将其炸熟。但鸡翅起锅时，油温又要从新升高至六七成，以防止鸡翅浸油。

炖是指经过加工处理的大块或整形原料，放入炖锅或其他搪瓷器皿中，掺足热水，小火加热至熟软酥糯的烹调方法。适合炖制的原料多选用肌肉组织粗老，耐得起长时间加热的原料，如鸡、鸭、猪肉等。如：雪豆炖肘子、清炖肘子、绿豆炖蹄子、清炖牛尾汤（炖熟软后加一点番茄味更鲜）、当归炖鸡。

烹调程序

1. 选料加工。炖制的菜肴，加热时间长，除异味能力差，所以要求选用新鲜度高，异味较轻，鲜香味足，结缔组织多，质地老韧的原料。初加工时应最大限度地除去异味，切成大块或用整形原料，漂洗干净。

2. 焯水炖制。将洗净的原料放入沸水中焯一下，除去血腥浮沫，捞出放入炖锅内，掺足热水用旺火烧沸，加盖移至小火或微火炖制熟软酥糯，汤汁浓香。然后按菜肴要求调味或不调味，盛入汤盆成菜。

工艺流程

原料的选择—初步加工—焯水—炖制—装盆—成菜

操作要领

1. 炖菜原汁原味，有的成菜后，不需调味即可食用，所以选料一定新鲜，焯水时可加姜葱，以达到除去异味的作用。

2. 炖制原料时可适量加入姜葱、料酒，但加入的量以成菜不表现出来味感为准。并在炖制中途拣去。

3. 成菜后是否调味，要看成菜要求和原料种类，一般作为滋补可不调味，作为菜肴可调味，但宜淡不宜咸。牛肉、鸭等原料的炖菜可调味。总之，淡而不薄，鲜香可口是调味的原则。

4. 炖制中原料用旺火烧沸加盖移至小火或微火继续加热炖制，具体掌握汤呈小沸状最宜。

注意事项

1. 原料焯水后要及时炖制，否则影响菜肴的色香味。

2. 两种不同质地的原料，如果在一锅炖制，其熟软的时间不同，用投料先后的办法来达到同一成熟程度。

3. 炖菜要一次性掺足热水，切勿中途加汤，以免影响汤汁的浓香色白的效果。

4. 炖制时要求盖严锅盖，以防止香味散失。

5. 炖制菜肴都不需要勾芡。

成菜特点

汤多味鲜，原汁原味，形态完整，软熟不烂。

原　料

净鱼肉150克，猪肥膘肉50克，竹荪30克，胡萝卜30克，香菇30克，菜心30克，蛋清50克，盐、姜葱水、胡椒水、湿淀粉、高汤。

制作过程

1. 净鱼肉洗净，去皮、去细刺，置于干净的菜墩上，用刀背捶制成茸；猪肥膘肉也捶制成茸。

2. 竹荪用温热水浸泡发透；胡萝卜、香菇分别切成片，入沸水锅中氽一水；菜心去老帮、黄叶，洗净备用。

3. 鱼茸、肥膘茸放置于碗中，依次加入姜葱水、胡椒水、蛋清、盐、湿淀粉搅打成鱼糁。

4. 锅内烧水，保持微沸，将鱼糁制成直径2厘米大的鱼圆，放入锅中烫熟捞起。鱼圆、竹荪、香菇、胡萝卜放入炖盅，灌入调好味的高汤，盖上笼盖蒸约40分钟，取出放入氽了水的菜心即可。

专家解密

1. 取鱼肉时，先用刀剔去大骨及腹刺，用手捏住鱼皮，用刀先将鱼肉从鱼皮上刮下，再匀速捶制。

2. 搅打鱼茸时，姜葱水的用量不宜过多，搅打上劲即可。切记不可加入料酒，若加入料酒，鱼肉松散，打不上劲，不利于成形。

3. 鱼圆下锅时，锅内水保持微沸即可，火力不可过大，以免鱼圆散烂。

【竹荪炖鱼圆】

特　点　鱼圆细嫩，汤鲜味美。

炖

【椰盅炖仔鸭】

特　点　色白细嫩，椰香味浓。

原　料

仔鸭300克，精瘦肉30克，熟火腿30克，椰子1个，葱、姜、盐、胡椒、料酒、鲜汤适量。

制作过程

1. 仔鸭剁成4厘米长、2厘米宽的条；精瘦肉、火腿分别切成1.5厘米见方的块；葱切2厘米长的节；姜切菱形片。椰子用锯子将顶部锯开，倒出椰浆留用，成为椰盅。

2. 炒锅上火，烧清水至沸，分别下入鸭条、精瘦肉、火腿汆水，待断生后打起沥净水。

3. 将各料放入椰盅内，撒上葱节、姜片。

4. 炒锅上火，掺入鲜汤，倒入椰浆烧至沸，调入盐、胡椒、料酒，打去浮沫，把汤倒入椰盅内，加盖上笼蒸2小时取出即可。

专家解密

1. 鸭子要选用一年左右的仔鸭，其肉质细嫩鲜香。
2. 鸭条炖前用沸水汆过的目的，一是去净血水；二可以除去腥臊味。

原　料

乌鸡200克，猪瘦肉50克，火腿50克，淮山药20克，枸杞20克，干红枣20克，葱、姜、盐、胡椒、料酒、鲜汤适量。

制作过程

1. 乌鸡洗净，剁成3厘米大的块；葱切2厘米长的节；姜切菱形片。

2. 乌鸡入沸水锅氽一水，以去净血水。

3. 猪瘦肉、火腿入沸水锅中煮至熟，捞起切成1厘米见方的丁；淮山药、枸杞、干红枣入碗，用温热水浸泡至回软。

4. 将乌鸡、猪瘦肉、火腿、姜片、葱节分别放入炖盅内。鲜汤入锅烧沸，加入盐、胡椒、料酒调好味，灌入炖盅内，盖上盖，上笼蒸2小时即可。

1. 宰杀乌鸡要注意杀口准确，应放尽血水，避免肉内炝入血水，肉色暗红。
2. 炖乌鸡时先用中火，再改用小火蒸，才能使原料酥软入味，而不烂。

【淮杞乌鸡盅】

特　点　肉质细嫩，咸鲜香醇。

炖【冬菇花仁炖凤爪】

特　点　汤味鲜醇，软适口。

原　料

鸡爪200克，水发香菇100克，花仁100克，罗汉果1个，陈皮、葱、姜、盐、胡椒、料酒、鲜汤适量。

制作过程

1. 鸡爪洗净，剁去趾尖，用刀随关节剁成块。
2. 锅置旺火上，烧清水至沸，加入葱、姜，倒入料酒，下鸡爪煮至断生捞起。
3. 水发香菇斜刀切成块，入沸水锅中汆一水打起；葱挽结；姜拍破。
4. 鲜汤入锅，放入鸡爪、香菇、花仁、罗汉果、陈皮、葱结、姜块，用旺火烧沸，打净浮沫，移至小火上加盖炖约1小时即可。

专家解密

1. 鸡爪要选肥实皮厚的，应将鸡爪上的粗皮削去。
2. 鸡爪下锅前先入沸水锅中汆一水，除净血水，以保证成菜汤汁清澈味鲜。
3. 花仁烹制前，可先放入热水中浸泡回软，以免炖制后出现硬心。

原 料

猪肉排300克，雪梨200克，淮山药15克，枸杞10克，葱、姜、盐、胡椒、料酒、鲜汤适量。

制作过程

1. 猪肉排洗净，砍成4厘米长的段；雪梨洗净，去皮、去核，切成块，漂于盐水中待用；葱切成2厘米长的节；姜切菱形片。

2. 淮山药、枸杞入碗，掺入温热水浸泡至软。

3. 锅上火，烧清水至沸，放入葱、姜、料酒、排骨，去净排骨的血水，打起。

4. 锅制净，掺入鲜汤，放入排骨、淮山药、枸杞、葱节、姜片，用大火烧开，打净浮沫，移至小火上加盖炖煮约40分钟。然后放入雪梨，继续炖30分钟后，调入盐、胡椒，起锅装入盛器内即成。

专家解密

1. 猪排骨选用肋排，龙骨另作他用，在刀工处理时，还要将多余的肉剔去。

2. 猪排炖制前，先放入沸水锅中汆一水，直到断生，以去净血水。若血水没去净，炖好的汤汁则浑浊不清。

3. 盐最好在排骨炖好后，起锅前放入。若先加了盐，排骨的蛋白质凝固，不易溶于水中，从而影响汤汁的鲜美滋味。

【滋补仔排汤】

特 点 味鲜浓，益健康。

烧，是一种将经过处理的原料或半成品入锅加汤或水，调料先用旺火烧开，再用中火或小火烧透，再用旺火收稠汁液，使其烧透成熟的烹制方法。使用广泛，适用于烹制山珍海味、禽畜水产、蔬菜、豆制品和干果类原料。根据原料的质地，性能的不同和菜肴的需要，在烧制前，原料有的要经过煸或炒，有的要经过煎或蒸，有的要经过炸或煮。按色泽来分，可分为红烧、白烧两种，以突出某一调味品来分，有葱烧、家常烧、酱烧三种。以原料的生熟来分，有生烧、熟烧两种。此外还有一种川菜的特殊方法，使其自然收汁，起锅前不勾芡，叫干烧。用烧的烹制方法，成菜具有色泽美观，亮汁亮油，质地鲜香软糯的特点。如：苕菜狮子头、红烧鱼、红烧卷筒鸡、红烧鸭卷、神仙鸭子、红烧什景、红烧鱼唇。

红烧

红烧是指将切配后的原料，经过焯水或炸、煎、炒、煸、蒸等方法制成半成品，放入锅中，加入鲜汤用旺火烧沸，撇去浮沫，再加入调味品、糖色等，改用中火或小火，烧至熟软汁稠，勾芡收汁成菜的烹调方法。红烧用料广泛，山珍海味、家禽家畜、蔬菜水产、豆制品都适合烧制菜肴。

烹调程序

1. 选料切配。用于红烧的原料，要根据烧制时间长短，选择用同一质地的原料，使烧制的时间，菜肴的质感一致。如果多种不同质感或不同类别的原料，可在半成品加工时，调整好成熟程度，或烧制过程中用先后投料的方法来达到成熟一致的目的。

2. 烧制过程要根据原料的质地，烧制时间的长短，掌握好掺汤量和火力的大小。切忌采用增加汤量，加大火力来缩短烧菜时间。古人说："少着水，慢着火，火候足时它自美。"

3. 注意提色配料。红烧类菜肴，要恰当选用糖色、酱油、豆瓣酱、料酒等原料提色。要将菜肴的色泽层次与味感浓淡相结合。如甜咸味配橙红色，咸鲜味配鹅黄色，家常味配金红色，五香味配金黄色等。

4. 收汁装盘。收汁应在烧制菜肴的成熟阶段，有自然收汁和用水淀粉收汁两种方式， 一般富含胶原蛋白的原料，胶质重，质感软熟，烧制时间较长，以自然收汁方式为主；质感细嫩，烧制时间短，以水淀粉收汁方式为好。

工艺流程

选择原料—切配—半成品加工—调味烧制—收汁—装盘—成菜

操作要领

1. 烧制菜肴中如果有多种不同质地或不同类别的原料，可利用半成品加工调剂好成熟程度，或在烧制过程中，用投料先后的方法来解决多种不同质地和不同类别的原料，以达到同一成熟程度为目的。

2. 烧制时间短的菜肴，以掌握菜肴刚熟的程度，细嫩的质感，恰当的汤汁、浓稠度和汁量及渗透入味的效果为主，长时间的红烧类菜肴，要以掌握好原料的质地、掺汤量、烧制的时间、火力和菜肴的质感为主。古人云"少着水，慢着火，火候足时它自美"。切忌采用增加掺汤量，加大火力来缩短烧菜时间的方法。

3. 注意提色配料。红烧菜肴时，要恰当选用糖色、酱油、豆瓣、料酒、番茄酱等原料提色。要将菜肴的色泽层次与味感浓淡相结合，不同的复合味感有相宜的菜肴色泽。如甜咸味以橙红色、咸鲜味以鹅黄色、家常味以金红色、五香味以金黄色相配就比较适当。

4. 把好收汁关。收汁是红烧类菜肴浓味粘味的关键，并有提色和使菜肴发亮的效果，收汁前一定掌握好汤汁的量，切忌汁干粘锅。

注意事项

1. 为了使红烧类菜肴清爽不杂乱，对有些调味品使用后应予以清除，如姜葱使用后捡去不用，香料花椒等用纱布包好，豆瓣酱应炒香取味后撇去豆瓣渣。

2. 为了保证烧制菜肴的质量，半成品加工与烧制时间相隔不宜过长，以免影响菜肴的色香味形效果。

3. 烧制菜肴过程中，防止粘锅、焦锅现象。

成菜特点

1. 色泽红亮或金黄。
2. 质地细嫩或软熟。
3. 鲜香味浓厚，汁浓适口。

* 白烧

白烧与红烧对应的，因为此烧制菜肴的色白而得名。与红烧的不同点是不加糖色、酱油等有色调味品，保持原料自身的颜色，用芡宜薄，经过白烧，既能使原料入味，而又不掩盖原料本色为好。成菜具有色泽素雅，清爽悦目，质地细嫩或熟软的特点。如：三菌烧鸡、白果烧鸡、火腿凤尾、干贝菜心、银杏白菜、蒜烧肚条、白汁鲜鱼。其方法同于红烧。白烧除了参照红烧烹制方法外，还应掌握以下几个方面：

1. 原料新鲜无异味，一定要富有色泽鲜艳、质地细嫩、滋味鲜美、受热易熟的特点。

2. 调味品无色。忌用酱油或其他深色的调味品或辅料。菜肴的复合味也限于咸鲜味、咸甜味等，一定程度上，复合味是辅佐或突出白烧原料本身的滋味，味感要求醇厚清爽，爽口不腻。

3. 白烧半成品加工方法，常用的有焯水、滑油、清蒸等，对原料的保色、提高鲜香的程度，增加细嫩的质感等方面起到了有效的作用。

4. 白烧的时间比较短，为了保持原料的清香鲜美，尽量缩短烧制时间。

5. 一般用奶汤烧制，以清二流芡为好，其汁稀薄。

成菜特点

芡汁色白素雅，醇厚味鲜，质感鲜嫩。

干烧

干烧不用水淀粉收汁，是在烧制过程中，用中小火将汤汁基本收干，其滋味渗透入原料内部或粘附在原料表面的烹调方法。适用于鱼翅、海参、猪肉、牛羊肉、蹄筋、鱼虾、部分茎、荚豆、茄瓜等原料。如：干烧鹿筋、干烧玉脊翅、干烧臊子子鱼、干烧岩鲤、干烧脑花（在烹制干烧臊子鱼时，加醪糟，在汤汁要干时就下醪糟水，芽菜剁细，加入菜内才好吃）。

烹调程序

1. 选料加工。干烧应选择富有软糯，细嫩的质感和滋味鲜美等方面特色的原料，属干货原料还应控制好软糯带韧的涨发方法。最大限度地将原料的腥膻异味和影响菜肴质感的部分除去。

2. 切配处理。一般以条、块、和自然形态为主。鱼、虾、鸡、蔬菜等原料，在干烧前都要经过油炸或滑油的方法处理，其作用是：使原料固定形状不得被烧烂，增加干烧类菜肴的香鲜滋味，缩短干烧的烹调时间。

3. 调味干烧。需要两次调味，第一次是定味调味，调味时间是在原料下锅烧至汤沸时进行。第二次是辅助调味，是在收汁的过程中，通过校味进行矫味调制。

4. 收汁装盘。收汁要达到自然收汁，使烧制和收汁同时达到效果。装盘要突出主料，成形丰满，清爽悦目。

工艺流程

选择原料—初步加工—切配—熟处理—调味烧制—收汁装盘—成菜

操作要领

1. 选料新鲜。要选择新鲜无异味，质地好的原料。

2. 码味适宜。码味时只宜用料酒，并掌握好料酒的量。成菜后不能表现出酒味。码味时将各种调味品渗透均匀，防止调味料分布不匀。

3. 合理调味。干烧的调味品很多，要掌握好色泽的深浅，调味品之间的配合，加入的先后顺序等。发挥调味品在色香味方面的最佳效果。

4. 使汤汁浸润原料入味均匀。收汁时要不断地推动，使其入味。

注意事项

1. 干烧菜肴带汁亮油，并非让菜肴呈现汤汁，而是让油汁呈略带水分的程度。

2. 对于胶质重或不宜翻面的菜肴，火力不宜过大过猛，防止粘锅、焦锅。

成菜特点

1. 汁油明亮，不呈现汤汁。
2. 多为金黄色或深红色。
3. 口味醇厚，质地细嫩。

葱烧

调味品有盐、酱油少许、味精。主要用于突出葱的辛香味的菜肴。在烹制时，先将葱段在锅中用油煸一煸，火不能大，油温不宜过高，以免煸煳，煸出香味后，再加入鲜汤，再放入经煎或蒸、炸、煨过的原料，用旺火烧开，加调味料，再改用中火烧至成熟入味（调配料只加葱段，有时做这些菜时加一点兰片也可以。在烹制葱烧鱼时，放几粒花椒，味道也很好），再勾芡收汁起锅。成菜具有亮油亮汁，颜色清爽，富有葱香味的特点。在煸葱时用猪油最好。在烹制葱烧鱼时，先把鱼放入猪油锅内煎炸一下，因为鱼的黏液里有泥腥味，炸后可以去除泥腥味，除异增香。成菜清淡，勾的芡不能太浓，酱油增色，味精增鲜，颜色不宜过深。在烹制葱烧海参时，要多煨几次，也就是锅内放汤，加姜、葱、料酒，烧开后打起，去水，再如上法煨一次，把海参与汤一起倒起，使海参泡入汤中，在烹制前再打起，放入锅中，这样可以去腥去异，还可以使其便于入味，不至于在烹制前就干裂，如煨了第二次后不用汤浸泡，放在一边，等下锅烹制时，就已经干了，影响菜肴的味感和成型。

酱烧

调味品有盐（酱油）、甜酱（白糖）、味精。主要突出甜酱的甜、咸、香味的菜肴。一般用于经刀工处理的条、块状的原料。荤素均可，如：冬笋、茭白、茄子、苦瓜、鸭子。烹制时，先将甜酱用鲜汤或油调散，下锅炒香，再加调料和适量的鲜汤，然后放入炸过的原料（炸的目的是使原料水分失去一部分），烧至甜酱汁均匀地裹附于原料上即成。成菜具有见油不见汁，颜色深黄，质地软脆的特点。如：酱烧茭白、酱烧冬笋、酱烧苦瓜、酱烧茄子。

家常烧

是川菜使用最广泛的，突出家常味的烧菜方法，有浓郁的地方风味。它使用的原料广泛，上至山珍海味，下至时鲜小菜。在烹制时，用中火，热油，先将豆瓣下温油锅炒至油的颜色呈红色，出香味时，再加汤，打去豆瓣渣，再下配料、原料、调料，调好味后，改用小火慢烧，直到烧至成熟入味，勾芡而成。成菜具有醇浓鲜烫的特点。如：家常海参、家常熊掌、蘑芋烧鸭、软烧仔鲢、辣子鱼（不用豆瓣，用泡辣椒）、豆瓣鱼、泡菜鲫鱼、麻婆豆腐、苤蓝烧牛肉、大蒜烧鳝鱼。家常海参是用烂肉来提味。

✲生烧

适用于质老、筋多、鲜味不足或质地鲜嫩的原料。因原料质地不同，烹制时火候也不同。烹制质老筋多的一般先要经过焯水处理，然后再加鲜汤，用旺火烧开，再去净血污浮沫，改用中火或小火，加调料慢烧至熟软，再改用旺火收汁而成，成菜具有汁浓入味，柔软耐嚼的特点。如：红烧牛掌、家常鱼唇、葱烧裙边、烧牛肉。烹制质地鲜嫩的原料，一般要经过先煸炒、煎、炸，然后加汤或水，以旺火烧开后，再改用中火烧至成熟，然后用旺火收汁起锅，成菜具有见汁不见油，色泽美观，质地鲜嫩的特点。如：生烧鸡翅、生烧大转弯、香菌烧鸡、生烧筋尾舌、红烧舌掌、糖醋鲜鱼（生烧鸡翅，汤烧沸，再下鸡翅，打去浮沫，加糖汁，再加花椒、生姜，烧至红亮时，加入盐，收汁亮油即成）。

✲熟烧

基本方法同生烧。适宜于多要求成菜迅速、质地熟软、油而不腻的菜肴。原料一般是经过加工成条、块状的熟料。以鸡、鸭、猪肉等常用。如：姜汁热窝鸡、豆瓣肘子、红烧排蹄、大蒜烧肥肠。在烹制时，同样要打净浮沫。

烧 【红烧香菇包】

特　点　滋味浓郁，香嫩可口。

原　料

火腿100克，鸡脯肉100克，冬笋100克，胡萝卜100克，水发香菇150克，海带50克，葱、姜、水发陈皮、盐、胡椒、料酒、冰糖色、味精、香油、鲜汤、湿淀粉适量，色拉油500克（约耗75克）。

制作过程

1. 鸡脯肉入加有姜、葱的沸水锅中煮至熟，捞起晾凉。

2. 火腿、熟鸡肉、冬笋、胡萝卜分别切成0.8厘米见方、5厘米长的条；海带切丝；葱切6厘米长的段；姜去皮，切片。

3. 火腿、冬笋、胡萝卜入沸水锅中氽一水，打起入清水中漂冷。

4. 水发香菇选形整，且大小均匀的，用刀切去蒂，平放于菜墩上。取火腿条、熟鸡肉条、冬笋条、胡萝卜条，放于香菇上，然后将香菇对折成半圆形包状，用海带丝系好，逐一将香菇制完。

5. 净锅上火，烧油至六成热，放入香菇包炸进皮，打起沥油。

6. 锅内留油少许，下姜片、葱段、水发陈皮爆香，掺入鲜汤，放盐、胡椒、料酒、冰糖色调味，下炸好的香菇包，烧开后打去浮沫，移至小火上，烧20分钟，待汁少入味后，烹入味精，用湿淀粉勾芡，淋香油，起锅装入盘中即成。

专家解密

1. 水发香菇烹制前，应先放入盆中掺入鲜汤，放入盐、姜、葱、料酒、色拉油上笼蒸1个半小时，使其软嫩鲜香。

2. 在烧制这道菜时，火力不宜过大，最好用"小火"，以保证其形态完整。

3. 在烧制过程中尽量少翻动香菇包，以免散、烂。

原 料

泥鳅300克，魔芋150克，豆腐150克，泡姜、泡辣椒各50克，姜蒜米各15克，葱段20克，郫县豆瓣、花椒、盐、白糖、料酒、胡椒、味精、湿淀粉、鲜汤、香菜各适量，色拉油500克（约耗100克）。

制作过程

1. 泥鳅放入水中，静养半日，使其吐净泥沙。随后将其宰杀，去头、尾、背骨，切成片，平放于菜墩上，用刀的跟部将泥鳅身体扎几刀；魔芋、豆腐分别切成0.5厘米厚、6厘米长、3厘米宽的片；郫县豆瓣、泡姜、泡辣椒分别剁成茸。

2. 锅置旺火上，烧水至沸，放入泥鳅氽去血水打起，沥干水分。切好的魔芋片、豆腐片也放入加了盐的沸水中煮透，备用。

3. 炒锅洗净，下油烧至六成热，将泥鳅倒入炸至表面水气干，打起。

4. 炒锅内留油少许，放入郫县豆瓣、泡辣椒茸、花椒、泡姜茸、姜蒜米、葱段炒香，掺入鲜汤，放入泥鳅、盐、胡椒粉、白糖、料酒，用慢火烧至五成熟，下魔芋和豆腐慢慢烧制，待入味后放入味精，用湿淀粉勾芡，待汤汁浓稠起锅装入盆中，撒上香菜即可。

专家解密

1. 泥鳅买回后，需在盐水中养半日，以使其吐净泥沙。另外还可以在水中放入生鸡蛋，因吃过蛋液的泥鳅其肉质会变得异常细嫩鲜美。

2. 魔芋及豆腐最好选用质地稍老的。太嫩的不经烧，而且会吐水，影响口感及成菜的感观。

3. 魔芋下锅烹制前，先放入沸水锅中氽一水，以去除碱味及涩味。

【鸳鸯泥鳅】

特 点 泥鳅细嫩，麻辣鲜香。

烧【香辣坨坨鸡】

特　点　家常味浓，红亮鲜嫩。

原　料

仔鸡腿400克，豆腐200克，蒜苗50克，香菜20克，香辣酱，豆瓣酱、花椒、姜米、蒜茸、盐、酱油、胡椒、料酒、白糖、味精、湿淀粉适量，色拉油750克（约耗100克）。

制作过程

1. 仔鸡腿洗净，斩成5厘米大的块。豆腐切成4厘米见方的块；蒜苗切成2厘米长的段。

2. 将斩好的鸡块放入碗中，加盐、胡椒、料酒码味15分钟。

3. 炒锅置旺火上，烧油至七成热，下入豆腐炸至色泽金黄捞起。

4. 炒锅洗净，置中火上，下油烧至六成热，放入鸡块煸干水气，随即放入花椒、香辣酱、豆瓣酱、姜米、蒜茸，烹入料酒，炒至油红，掺入鲜汤，下盐、胡椒、料酒、白糖调好味，将鸡烧至七成熟，下入豆腐，用中火烧入味，最后放入蒜苗段、味精，用湿淀粉勾芡，起锅装入盆中，撒上香菜即成。

专家解密

1. 鸡在选料方面，最好选用质地细嫩的、重量在1200克左右的小母鸡，老鸡不宜制作此菜。

2. 仔鸡腿有少量的硬筋，在刀工处理时可以用刀将其斩断。

3. 鸡肉入锅煸制时，火力不可过大，以中火为宜，火太大，容易将鸡皮煸开花，使皮下脂肪渗出，影响美观。

4. 烧菜类勾芡需注意，勾芡前应将水淀粉稀释调匀，不能出现小疙瘩。另外，为达到亮汁亮油，主料被芡汁包裹沾匀的效果，要求有一定的浓稠度。下入芡汁时，火要收小，让芡粉慢慢糊化，火力过大，芡粉易成团。

5. 此类复合味为特色的菜肴，调味是关键。该菜以咸味为基础，麻辣味为主，甜味为辅，糖的用量不可过多，以免破坏味的平衡。投放调味料时，先调出咸、鲜、麻、辣，再逐一放入其他调味料。

原　料

鸡中翅250克，猪绞肉50克，芽菜50克，泡辣椒、姜、葱、盐、酱油、胡椒、料酒、糖色、味精、鲜汤、香油适量，色拉油750克（约耗75克）。

制作过程

1. 泡辣椒去蒂、去籽，切成5厘米长的段；葱白洗净，也切5厘米长的段；姜切米粒状。
2. 鸡中翅洗净，入沸水锅中汆一水至断生打起。
3. 趁鸡翅热时，抹上糖色上色。
4. 炒锅上火，烧油至五成热，下入鸡翅，炸至色泽红亮捞起沥油。
5. 锅内留油少许，放入猪绞肉炒散籽，加入盐、酱油、料酒，炒至肉酥香时，铲起放入碗中。
6. 炒锅洗净，烧油至五成热，放入葱段、泡辣椒段、姜米炒香，掺入鲜汤，下鸡翅、肉粒，加入盐、酱油、胡椒、料酒、糖色调好味，改用中小火烧至汁浓稠时，勾入味精，淋入香油，再将汁收干，簸匀起锅装盘即成。

专家解密

1. 鸡翅一定要趁热上色，否则糖色不易抹上。因鸡翅刚出锅是热的，随着时间的增长，鸡肉会“收汗”（水气收入鸡肉内）变冷，所以应趁鸡肉收汗前将糖色抹上。
2. 炸鸡翅的时间不宜过长，以将表面水气炸干为度，以免色深质老。
3. 烧鸡翅时，先用大火烧开，再改用中火慢烧，使鸡翅内融入芽菜与泡椒的鲜香。

【干烧凤翅】

特　点　色红油亮，咸鲜微辣。

烧【麻婆银鳕鱼】

特　点　汁浓味香，麻辣嫩烫。

原　料

银鳕鱼200克，豆腐300克，蒜苗50克，郫县豆瓣、泡辣椒、豆豉、辣椒面、花椒面、盐、酱油、胡椒、味精、白糖、鲜汤、蛋清淀粉、湿淀粉各适量，色拉油500克（约耗100克）。

制作过程

1. 银鳕鱼剔骨去皮，切成1.5厘米见方的丁；豆腐切成2厘米见方的块；蒜苗洗净，擦手切细花；豆瓣、泡辣椒分别剁成茸。

2. 银鳕鱼入碗，放盐、胡椒、蛋清淀粉拌匀，码味5分钟。

3. 豆腐放入加有盐的沸水锅中浸煮，以去净涩味。

4. 净锅上火，烧油至四成热，下入银鳕鱼滑散，倒入漏勺中沥净油。

5. 锅置中火上，烧油至六成热，下豆瓣茸、泡辣椒茸、豆豉、辣椒面炒至色红味香时，掺入鲜汤，放盐、酱油、白糖、银鳕鱼、豆腐，用湿淀粉勾薄芡。待豆腐烧至入味时，放入味精，再次勾芡，使其收汁亮油，起锅盛入盘中。

6. 最后撒上蒜苗花、花椒面即成。

专家解密

1. 银鳕鱼在进行刀工处理前，可先将其放入冰箱急冻几分钟，再进行刀工处理，这样可以使鱼肉形整不烂。

2. 银鳕鱼在码味时，应注意盐的用量，太少底味不足，过多则咸。

3. 浸煮豆腐时可适当加入少量柠檬酸，可增香增鲜。

4. 银鳕鱼入锅滑制时，油温应控制在四至五成，动作也不宜过猛，否则会造成鱼肉碎裂不成型的情况，影响成菜感观。

原　料

鱼头2只（约500克），冬笋50克，水发香菇50克，洋葱50克，青、红椒各50克，葱、姜、盐、酱油、醋、白糖、料酒、胡椒、味精、鲜汤、湿淀粉适量，色拉油1000克（约耗75克）。

制作过程

1. 鱼头洗净，用刀从正中对剖成两半。冬笋、水发香菇、洋葱、青红椒、姜、葱分别切成丝。

2. 鱼头入碗，加盐、胡椒、料酒、葱、姜码味20分钟。

3. 炒锅上火，烧油至六成热，将鱼头擦干水气，放入油锅中炸一下，打起。

4. 上述切好的各种丝料，放入五成热的油锅中炒至出香味，掺入鲜汤，放盐、胡椒、料酒、酱油、白糖、醋调好味，下鱼头慢烧至入味，待烧至汤汁较少时，放入味精，用湿淀粉勾芡，起锅装入盘中即成。

1. 鱼头应先洗净后再进行刀工处理，以免先刀工处理后洗时鱼脑髓被水冲走。

2. 鱼头下锅炸制前，应先用刀将鱼眼刺破，以免炸制时鱼眼爆裂，将热油溅出伤人。

3. 炸鱼头的油温宜略高，若油温过低，鱼头易散烂，鱼皮不成形。

4. 烧鱼头时的动作要轻，配料在上，鱼头在下，保持鱼头形状完整。

【五柳烧鱼头】

特　点　鲜浓味美，鱼头细嫩。

特　点　咸鲜香浓，色白细嫩。

原　料

猪脑花300克，青笋100克，蒜苗50克，川芎5克，百芷5克，枸杞5克，葱段、姜片、盐、胡椒、料酒、醋、鲜汤、湿淀粉适量，色拉油75克。

制作过程

1. 猪脑洗净，用清水浸泡，撕去血筋备用。青笋切成0.5厘米见方、4厘米长的条；蒜苗洗净，切成4厘米长的段。

2. 将猪脑放置于碗中，加盐、胡椒、料酒、葱、姜码味15分钟。

3. 炒锅置中火上，烧油至五成热，放入葱段、姜片爆香，下青笋条翻炒，掺入鲜汤，放盐、胡椒、料酒略烧。

4. 炒锅上火，烧清水至沸，下入适量料酒和醋，放入猪脑略烫，捞起漂冷，沥净水分。将调好的汤料倒入砂锅中，加入猪脑、川芎、百芷、枸杞烧至熟，下入蒜苗段，调入味精即可上桌。

专家解密

1. 猪脑汆水时加入料酒和醋，其目的是去除猪脑的腥臊味。

2. 烹制脑花时，切忌动作过猛，否则猪脑易散烂，不成形。

3. 猪脑烧制时间应控制得当，不宜过久，也不宜过短，应以脑花成熟为度。

4. 砂锅中的汤料烧至刚开时即可打去浮沫，调小火，水温控制在80℃~100℃之间，在热力的作用下，原材料及药材会发生乳化、分解，从而形成独特的风味，营养成分及药力才会充分溶解于汤中。

烩是将多种易熟或初步熟处理的小型原料，一起放入锅内，加入多量汤水及调味品用中火加热烧沸出味，勾芡成汁宽芡浓的成菜方法。烩制菜肴具有用料多种、汁宽芡厚、色泽鲜艳、菜汁合一、清淡鲜香、滑腻爽口的特点。一般适合的主料有鸡肉、鱼肉、虾仁、鱼肚、海参、鱿鱼、冬笋、蘑菇、木耳、火腿等。如：番茄烩鸭腰、鸡腰、鸡片鱼肚、鱿鱼腐皮、双海烩、三海烩、白花鱼肚、三鲜豆腐、八宝素烩（八宝指原料多样）。一般用白烩，与白烧相同，白烩用得多些，汤一般用奶汤，加盐、味精、酱油。与白烧的不同点是：烩的加热时间短，汤汁多用奶汤。

烹调程序

1. 加工处理。选用鲜香细嫩、易熟无异味的原料，经焯水初步熟处理晾凉后，切配成相应的丝、片、条、丁等规格。

2. 炝锅烩制。炒锅洗净，中火烧油至三成热油温，放入姜葱炒出香味，掺入鲜汤烧沸出味，加入原料、调味品又烧沸入味，勾二流芡成菜起锅装盘即成。

工艺流程

原料选择—加工处理—炝锅—烩制—勾芡—装盘成菜

操作要领

1. 选料要选用鲜香细嫩，易熟无异味的原料。对本身有异味的原料，如海参、蹄筋等，可先用鲜汤煨制一下。

2. 烩制原料切配组合时，对主辅料的色、香、味、质感、荤素比例等方面作细致地安排，这样才能增强菜肴的风味特色。

3. 烩制的时间要迅速，以原料烧制入味，调制的复合味定型后勾芡起锅，尽量缩短烩制的时间，以增强鲜香味。

注意事项

1. 要根据原料的不同质地，烩制时注意投料的先后，以断生入味为准。

2. 勾芡不宜过浓，下锅立即推搅均匀，防止成坨或稀稠不均匀。

3. 根据烩制工艺分类，可分为红烩、白烩、糖烩、糟烩、清烩等。烩制的方法基本相同，只是调味品略有不同。

成菜特点

1. 用料多样，色泽鲜艳。
2. 汁多芡厚，菜汁合一。
3. 清淡鲜香，滑腻爽口。

原 料

乌鸡250克，馄饨150克，菜心100克，胡萝卜50克，荷兰豆50克，葱、姜、盐、胡椒、料酒、鲜汤、鸡油、味精、湿淀粉、色拉油适量。

制作过程

1. 乌鸡洗净，剁成3厘米大的块。
2. 胡萝卜、荷兰豆分别切成2厘米宽、4厘米长、0.3厘米厚的片；葱切段；姜拍破。
3. 炒锅上火，烧水至沸，倒入乌鸡汆去血水打起。锅洗净，烧油至五成热，下入姜、葱爆香，掺入鲜汤，加盐、胡椒、料酒，放入鸡块略烧，然后将鸡块装入碗中，掺上原汤，放入笼中蒸至鸡软。
4. 胡萝卜、荷兰豆入沸水锅汆断生，打起备用。
5. 馄饨也入锅煮至断生。菜心放入加有盐、色拉油的沸水锅中汆断生打起，围于圆盘内。
6. 炒锅制净，掺入鲜汤，放入盐、胡椒、料酒，投入乌鸡、馄饨、胡萝卜、荷兰豆推匀，下味精，用湿淀粉勾芡，待收汁后，舀起装入围有菜心的盘内即成。

专家解密

1. 乌鸡汆水时可加少许姜、葱、料酒，以去腥压异。汆水时间一定要足，否则血水去不尽。
2. 胡萝卜、荷兰豆汆水时，可加入少量盐和色拉油，以使其色泽鲜亮。
3. 注意芡汁的浓度，过清不易粘附于原料上，过浓易成团不清亮。

【白云乌鸡】

特 点 黑白鲜明，咸鲜味美。

烩

【贵妃烩牛腩】

特　点　色红味鲜，汁亮炽软。

原　料

牛腩300克，番茄100克，胡萝卜100克，土豆100克，洋葱50克，葱、姜、蒜、番茄酱、白糖、盐、胡椒、料酒、味精、鲜汤、湿淀粉、色拉油适量。

制作过程

1. 牛腩洗净，入沸水锅中煮净血水。

2. 牛腩改刀成3厘米大的块；番茄、土豆、胡萝卜分别切成块；洋葱切丝；葱一半切马耳朵形，另一半切段；姜取一半切大片，另一部分切成菱形片；蒜剁成茸。

3. 炒锅上火，放入适量色拉油，下葱段、姜片、牛腩煸炒，至水气将干时，烹入料酒，起锅待用。

4. 锅内烧油至五成热，放入土豆块炸至色泽金黄；胡萝卜入沸水锅煮断生。

5. 炒锅洗净，将油烧至五成热，下入马耳朵葱、姜片、洋葱丝、番茄酱炒香，掺入鲜汤，放牛腩、盐、胡椒、白糖、料酒，烧至牛腩炽软，投入土豆、胡萝卜略烧，最后放入番茄块、味精，用湿淀粉勾芡，起锅装入盘中即成。

专家解密

1. 牛腩先煮熟，再改刀，这样才能保证切出的块形态一致，大小均匀。

2. 牛腩入锅煸炒的目的是使其失去部分水气，以去腥除异，同时烩制时的调味料也更易渗入牛腩内部，使牛腩滋味更鲜美、更入味。

3. 牛腩、土豆、胡萝卜、番茄要分别入锅，若土豆、胡萝卜、番茄下锅过早，容易软烂，使成菜不成形。

4. 根据个人的喜好，此菜也可加入少许白醋，以补充酸味。

原　料

虾仁50克，鲜鱿50克，海参50克，蟹柳50克，水面200克，番茄50克，水发香菇50克，洋葱50克，野山椒、香菜、葱、姜、蒜、番茄酱、盐、料酒、白糖、白醋、湿淀粉、色拉油适量。

制作过程

1. 虾仁、鲜鱿、海参、蟹柳、番茄、水发香菇分别切成1.2厘米见方的丁。
2. 番茄去皮，切成块；洋葱切菱形片；葱切3厘米长的节；姜切片。
3. 炒锅置旺火上，烧清水至沸，放入盐、料酒，依次放入香菇、蟹柳、海参、虾仁、鲜鱿氽水，打起入碗，用原汁浸泡。
4. 净锅内烧水至沸，放入水面煮至断生，打起待用。
5. 炒锅洗净，烧油适量至五成热，放入葱节、姜片、野山椒、番茄酱、番茄块、洋葱片炒香，掺入鲜汤，放盐、白糖、白醋调味，投入各种丁料及面条，待烧沸后，放味精，用湿淀粉勾芡，起锅入盘，撒上香菜即成。

专家解密

1. 水发香菇在刀工处理前一定要洗净泥沙。
2. 水面入锅煮断生，即水面入锅煮至八成熟。因水面待会儿还会入锅烩制，若煮至全熟，成菜后面条太软了，没有嚼劲。
3. 因煮好的面条会收汗吸水，所以此菜的汤汁宜宽不宜少。

【红烩海鲜面】

特　点　甜酸微辣，色红味香。

烩 【金银烩菜心】

特　点　清淡典雅，健康养颜。

原　料

咸鸭蛋4个，菜心200克，草菇50克，葱、姜、盐、胡椒、味精、鲜汤、鸡油、湿淀粉、色拉油适量。

制作过程

1. 咸鸭蛋上笼蒸至熟。

2. 咸鸭蛋去壳，将其切成块装入碗中；草菇切块，入沸水锅中汆一水，打起沥净水，放入装咸鸭蛋的碗中。葱洗净，切成马耳朵形；姜切菱形片。

3. 菜心去黄叶、老帮，洗净。炒锅烧清水至沸，加入盐、色拉油，放入菜心汆断生，打起装入盘内摆好。

4. 炒锅洗净，烧油至五成热，放入姜、葱爆香，掺入鲜汤，下鸭蛋、草菇，调入盐、胡椒，待汤汁烧沸后放味精，用湿淀粉勾芡，淋鸡油，起锅舀于菜心上即成。

专家解密

1. 注意咸鸭蛋的咸度，若咸味过重，可采取反复汆水的方法以减少其咸味。

2. 菜心汆水时加入盐和色拉油的目的主要是保持其色泽碧绿，也可加入少许小苏打，同样可以保持其色泽。

3. 菜心汆水时间不可过长，以断生为度。若汆水时间过长，菜心绵软，不鲜嫩，同时营养素也流失过多。

原　料

竹荪50克，金针菇50克、蟹柳50克，菜心50克，水发香菇1朵，葱、姜、盐、胡椒、料酒、味精、鲜汤、高汤、鸡油、湿淀粉、色拉油适量。

制作过程

1. 竹荪放入盐，掺入温水泡30分钟，用手去掉黑点和杂质，再放入开水内浸泡回软。

2. 将竹荪取出,置于菜墩上,切成8厘米长的段,金针菇洗净,切去菇把,排放于盘内；菜心去老帮、黄叶、洗净；葱切段；姜切片待用。

3. 炒锅上火，倒入鲜汤，放入盐、胡椒、料酒烧沸，分别放入竹荪、金针菇、蟹柳、水发香菇、菜心氽水，待断生后，捞起漂冷。

4. 将竹荪、金针菇、蟹柳、香菇、菜心排入圆盘内，灌上高汤，上笼蒸10分钟。

5. 炒锅上火，烧油至五成热，下葱段、姜片爆香，将蒸菜的原汤滗入锅中，打去姜葱不用，放入盐、胡椒、味精，用湿淀粉勾芡，下鸡油起锅，淋于菜上即成。

专家解密

1. 竹荪涨发后要用清水多漂洗几次,以去掉泥沙和杂质。
2. 上述原料氽水后一定要用清水漂凉，否则易变色。

【五彩素烩】

特　点　色彩鲜艳，咸鲜清爽。

烩 【酸辣海鲜羹】

特　点　酸辣可口，营养丰富。

原　料

虾仁50克，海参50克，鱿鱼50克，蟹柳50克，银鳕鱼50克，水发香菇50克，午餐肉50克，鸡蛋液50克，葱、姜、盐、胡椒、料酒、醋、味精、鲜汤、香油、湿淀粉、色拉油适量。

制作过程

1. 虾仁、海参、鱿鱼、蟹柳、银鳕鱼、水发香菇、午餐肉分别切成0.5厘米大的丁；葱取一半切成段，另一部分擦手切细花；姜也部分切片，部分切细粒。

2. 炒锅上火，油烧热，爆香姜片、葱段，掺入鲜汤，加盐、胡椒、料酒，投入海参丁及香菇丁，烧沸后连汤装入碗中。

3. 另锅烧水至沸，放入虾仁、鱿鱼、蟹柳、午餐肉氽一水，打起沥净水。

4. 锅内烧油至五成热，下入姜粒爆香，掺入鲜汤，下入各种丁料，放盐、胡椒、料酒烧沸，打净浮沫，用湿淀粉勾芡，烹入醋搅匀，淋香油起锅装入盆内，撒上葱花即成。

专家解密

1. 虾仁、鱿鱼在烹制前可加入盐、胡椒、蛋清、生粉、香油腌渍入味。

2. 氽水时应注意放料的先后顺序，应遵循质老的先放，质嫩的后下的原则。

3. 勾芡时湿淀粉要用清水调开，不可过浓，否则下锅易成团。须注意湿淀粉的用量，以原料悬浮于汤汁中即可。

原　料

鸡脯肉250克，圣女果50克，哈密瓜50克，苹果50克，奇异果50克，黄瓜50克，浓缩柠檬汁、盐、白糖、白醋、胡椒、料酒、味精、蛋清淀粉、湿淀粉、鲜汤适量，色拉油500克（约耗50克）。

制作过程

1. 鸡脯肉去皮，用刀剁成0.8厘米见方的丁。
2. 将鸡丁放入碗中，加入盐、胡椒、料酒、蛋清淀粉，码味10分钟。
3. 哈密瓜、圣女果、苹果、奇异果、黄瓜均切成1厘米见方的丁。
4. 哈密瓜、苹果、奇异果、黄瓜、圣女果入沸水锅中氽一水，捞起。
5. 锅置中火上，烧油至四成热，放入码好的鸡丁滑散籽，打起沥净油。
6. 锅制净，下油少许，放入浓缩柠檬汁略炒，掺入鲜汤，放盐、白糖、白醋烧沸，随即放入鸡丁及各种辅料，待烧沸后，打去浮沫，放入味精，用湿淀粉勾芡，起锅装入盘中即成。

专家解密

1. 鸡丁码味时要注意盐的用量，盐少码味的时间可略长，盐多则短。
2. 水果丁在氽水时，不可在沸水中久煮，久煮质绵软，失去了水果的清脆感及香甜味。
3. 鸡丁滑油要控制好油温。油温高鸡丁成团不散籽，且质地老；油温低易脱芡，质地也会变老。
4. 烹制此菜可事先将调味料在锅中制成味汁，将滑油的鸡丁和氽水的水果丁倒入，直接炒匀成菜。

【鲜果烩鸡丁】

特　点　清爽味美，色彩艳丽。

烩 【什锦烩豆腐】

特　点　咸鲜清淡，嫩滑可口。

原　料

豆腐250克，午餐肉50克，虾仁50克，冬笋50克，香菇50克，胡萝卜50克，鲜荷叶1张，葱、姜、盐、胡椒、料酒、味精、鸡油、鲜汤、湿淀粉、色拉油适量。

制作过程

1. 豆腐切成0.8厘米见方的块。午餐肉、冬笋、虾仁、香菇、胡萝卜均切成0.8厘米大的丁；葱切葱花；姜剁成细茸。

2. 炒锅上火，烧清水至沸，加入适量盐，放入豆腐烧沸后，连水倒入盆中备用。

3. 午餐肉、冬笋、虾仁、香菇、胡萝卜入沸水锅中煮至断生待用。荷叶洗净入沸水锅中略烫，捞起垫于蒸笼内。

4. 炒锅置火上，烧油至五成热，放入姜米炒香，掺入鲜汤，放入盐、胡椒、料酒，下豆腐、虾仁、午餐肉、冬笋、香菇、胡萝卜烧沸，打去浮沫，放入味精，用湿淀粉勾芡，待汤汁浓稠时，淋鸡油起锅装入垫有荷叶的笼内，撒上葱花即成。

专家解密

1. 此菜也可选用较嫩的内脂豆腐制作，上桌需配小匙，可由个人用匙舀来食用。

2. 荷叶氽水时，可以在水中加入适量色拉油，以保持其色泽碧绿。另外在氽完水以后，还应将荷叶放入清水中漂凉，以防止变色。

3. 豆腐下锅后可采用多次勾芡的方法。即豆腐一下锅就勾第一次芡，待烩至一半时再勾一次芡，最后一次勾芡在起锅前。这样勾芡的目的是为了保持豆腐的鲜嫩感。

焖是指经炸、煸、煎、炒、焯水等初步熟处理的原料，掺入汤汁，旺火烧沸，撇去浮沫，放入调味品加盖用小火或中火慢烧使之成熟并收汁至浓稠成菜的烹调方法。一般适合焖的原料主要有鸡、鸭、兔、猪肉、鱼、蘑菇、鲜笋等。焖的菜肴根据色泽和调味的区别，可分为黄焖、红焖、油焖三种，但其烹调方法是相似的。如：白油青圆（最好是用甜咸味，甜重于咸才好吃）、臊子青圆（用咸鲜味）、油焖笋尖、家常鲜笋、黄焖蘑菇鸡（烹制时加一点酱油）、黄焖大鲢鱼头等。

烹调程序

1. 切配处理。焖制类菜肴应选择质地细嫩，鲜香味美、受热易熟的主辅料，切配规格是条、块和自然形状。原料的初步熟处理以控制在断生或刚熟的程度。

2. 调味焖制。将熟处理的原料入锅掺入鲜汤，旺火烧沸，撇去浮沫，加入调味品烧沸，基本定味后，盖严锅盖，小火焖至软熟。

3. 收汁装盘。根据原料焖制前是否挂糊、含胶质轻重、菜肴软嫩质感等具体情况，决定是否勾芡和收汁。

工艺流程

原料选择—切配—初步熟处理—调味焖制—收汁—装盘—成菜

操作要领

1. 根据原料的质地，采用相应的初步熟处理方法，如鱼、兔、鸡等原料宜炸制，豌豆、四季豆等原料宜滑油，鸭、鹅、猪肉等原料宜煸炒，青笋、萝卜等宜焯水。

2. 焖制类菜肴如果使用豆瓣酱调味，应炒香至油红亮，掺汤烧沸出味后，再撇去豆瓣渣，花椒等香料用纱布包好使用，成菜后拣去不要。

3. 一般焖制类菜肴掺汤量以平齐原料为宜。正确估计焖制菜肴的成熟时间，尽量减少揭开锅盖的次数，以保证菜肴的色、香、味及质量。

4. 装盘成菜。家禽家畜原料焖制成菜装盘时，可清炒一些绿叶蔬菜垫底。既增加菜肴的清香味，又可减少菜肴的 油腻感。

注意事项

1. 焖制类菜肴一般要采用走红或走油等方法进行初步熟处理，要掌握好上色的深浅和保色的效果。

2. 控制好焖制的时间和掺汤量。切勿中途加汤，或出现粘锅、焦锅的现象。

3. 掌握好成菜的色泽和口味。焖菜的色泽主要以深红（红焖菜），浅黄（黄焖）为主，还有黄中透红、金黄色（干焖）等。均用酱油，有的菜肴用少量的红曲米增色。口味上，一般黄焖以醇厚香鲜的咸鲜味为主，红焖以浓厚微辣的家常味为主，油焖以色泽油亮、清香、鲜美的咸鲜味为主。

成菜特点

1. 汁浓味醇，熟软醇鲜或软嫩鲜香。

2. 形态完整，不烂不碎。

3. 明油亮汁，汁较烧菜和扒菜的略多。

原　料

牛腩400克，黄瓜200克，青红尖椒各50克，鲜花椒50克，郫县豆瓣、花椒、葱、姜、蒜、八角、十三香、香叶、盐、酱油、白糖、鲜汤、料酒、味精、湿淀粉、胡椒、色拉油适量。

制作过程

1. 锅置旺火上，烧清水至沸，下入八角、香叶、葱、姜、花椒、料酒，将洗净的牛腩放入，白卤至熟软，打起。

2. 牛腩放置于菜墩上，用刀切成3厘米见方的块。

3. 黄瓜去籽，切成2厘米宽、5厘米长的条；青红尖椒洗净，切成长5厘米的段；葱切马耳朵形；姜蒜切片备用。

4. 黄瓜条入碗，加盐拌匀，腌渍10分钟，挤去水分待用。

5. 炒锅上火，烧油至五成热，放入郫县豆瓣、鲜花椒、马耳朵葱、姜蒜片、八角、香叶、十三香炒至油红，掺入鲜汤，加盐、胡椒、料酒、酱油、白糖，放入牛腩块，移至小火上加盖，焖煮约30分钟，至牛腩将炽时，放入黄瓜条、青红尖椒条继续焖5分钟，调入味精，用湿淀粉勾芡，起锅装入煲内即成。

专家解密

1. 牛腩在卤制前，可先放入清水中冲洗净血水，否则肉质易翻黑。

2. 黄瓜码盐的目的，是保持其脆性，注意盐不可过多。另外在挤水时，用力不可过猛，以免影响成形。

3. 八角、香叶在炒制前可先用温热水浸泡，然后再炒，有利于香味更好地溢出。

4. 焖制时应一次性加足水，不可中途补水，否则会影响成菜的鲜美滋味。

【鲜花椒焖牛腩】

特　点　黄瓜青脆，牛腩炽糯，具有鲜花椒的香麻味。

焖【土豆风味蟹】

特　点　咸鲜香醇，蟹肉鲜嫩。

原　料

肉蟹1只（约400克），土豆200克，芽菜50克，葱、姜、蒜、盐、胡椒、料酒、蚝油、味精、鲜汤、湿淀粉、干细淀粉适量，色拉油750克（约耗75克）。

制作过程

1. 肉蟹揭开盖，清洗干净，用刀宰成块，蟹钳用刀拍破。
2. 土豆洗净，去皮，切成4厘米大的菱形块，漂于清水内；姜蒜切米粒状；葱擦手切细花。
3. 肉蟹扑上干细淀粉，入六成热油锅中过油至熟，打起沥净油。
4. 待油温回升至七成时，倒入土豆炸至色黄打起。
5. 炒锅内留油少许，烧至五成热，放入芽菜、姜蒜米炒香，掺入鲜汤，调入盐、胡椒、料酒、蚝油，将炸好的肉蟹、土豆放入，烧沸后打去浮沫，移小火上，加盖焖约15分钟，放入味精，用湿淀粉勾芡，起锅装入盘中，撒上葱花即可。

专家解密

1. 肉蟹清洗时，应用刷子将其刷洗干净，以免成菜后有泥沙，影响口感。
2. 土豆改刀后，在烹制前应先漂于清水内，以去掉部分淀粉，以防止变色。
3. 炸肉蟹时，油温宜略高，以免蟹肉散烂。
4. 焖制时，应适时翻动原料，以防止粘锅。

原　料

腊肉100克，花菜250克，姜、葱、盐、胡椒、味精、鲜汤、湿淀粉、色拉油适量。

制作过程

1. 腊肉刮洗净，放入沸水锅中煮至熟。
2. 将腊肉置于菜墩上，切成3厘米宽、0.3厘米厚的片；姜拍破；葱挽结备用。
3. 花菜洗净，用刀切成块。
4. 炒锅上火，放入适量色拉油烧至五成热，将腊肉下入煸炒至水气干，掺入鲜汤，放入葱结、姜块、花菜、盐、胡椒，盖上盖，小火焖煮10分钟至花菜软，放入味精，用湿淀粉勾芡，起锅装入盘中即成。

专家解密

1. 腊肉煮之前，应先在温水中浸泡，以去掉部分咸味。
2. 花菜改刀的大小应均匀，否则成菜后，其质感不一，小的烂，大的还生硬。

【腊肉焖花菜】

特　点　咸鲜清淡，腊香味浓。

焖 【碎肉焖茄子】

特　点　红亮味美，咸鲜微辣。

原　料

茄子300克，猪绞肉100克，郫县豆瓣、姜、蒜、葱、盐、胡椒、酱油、白糖、醋、味精、香油、鲜汤、湿淀粉适量，色拉油1000克（约耗100克）。

制作过程

1. 茄子洗净，先切成2寸长的段，再将其切成直径1.5厘米的条；姜蒜切米；葱擦手切细花；郫县豆瓣剁细。

2. 炒锅上火，烧油至六成热，放入茄条，炸至色泽金黄，打起沥净油。

3. 锅内留油少许，放入猪绞肉，中火煸炒至酥香，舀起装入碗中备用。

4. 锅制净，置中火上，放油少许，烧至五成热，下入郫县豆瓣、姜蒜米、炒好的碎肉炒香，掺入鲜汤，放盐、胡椒、酱油、白糖调好味，投入炸好的茄子，移至小火上，加盖焖5分钟，待汁浓稠，滴几滴醋，用湿淀粉勾芡，起锅装入煲内，撒上葱花即成。

专家解密

1. 该菜可不去除茄子的皮，改刀要均匀。
2. 炸制茄子时，油温不宜过低，否则易浸油。炸好后将油沥净。
3. 炒猪绞肉时，火力不能过大，否则易粘锅，且肉不酥香。
4. 醋应在起锅前加入，否则醋会挥发，而失去酸味。

原　料

猪绞肉150克，冬瓜250克，水发香菇50克，鸡蛋1个，姜葱水、盐、蚝油、胡椒、料酒、老抽、味精、干细淀粉、全蛋淀粉、湿淀粉适量，色拉油1000克（约耗50克）。

制作过程

1. 冬瓜去皮，放入沸水锅中氽一水至断生捞起漂凉。

2. 水发香菇挤干水分，去蒂，切成细粒，同猪绞肉放入碗中，加入盐、胡椒、料酒、姜葱水、鸡蛋液、湿淀粉搅打成肉馅。

3. 将每两片冬瓜中间夹上适量肉馅。

4. 将每个冬瓜排表面沾上干细淀粉，再裹上全蛋淀粉，入五成热的油锅中炸至色泽金黄，打起。

5. 炒锅上火，烧油至五成热，放入蚝油炒香，掺入鲜汤，调入盐、胡椒，放入炸好的冬瓜排，加盖焖约8分钟，将瓜夹铲起排放于盘中，锅内原汁放入味精，用湿淀粉勾芡，再用老抽调色，起锅淋于冬瓜排上即成。

专家解密

1. 调制肉馅时不能太稀，否则夹制时易漏馅，影响成形。
2. 冬瓜切片不可过厚，否则肉馅不易成熟。
3. 炒蚝油时，油不宜多，油温不宜高，以免将蚝油炒焦。

【蚝油冬瓜排】

特　点　荤素搭配，营养均衡。

焖 【茶树菇焖兔】

特　点　肉质细嫩，咸鲜微辣。

原　料

仔兔300克，茶树菇100克，野山椒、干辣椒、姜、葱、蒜、花椒、盐、酱油、料酒、白糖、胡椒、料酒、香油、鲜汤、湿淀粉适量，色拉油750克（约耗75克）。

制作过程

1. 仔兔洗净血水，剁成3厘米大的块；姜蒜切片；葱切马耳朵形。
2. 兔块入盆，加入盐、胡椒、料酒、姜、葱码味15分钟。
3. 茶树菇洗净入沸水锅中氽一水至断生。
4. 腌渍好的仔兔放入六成热的油锅中稍炸。
5. 锅内留底油，烧至五成热，放入姜蒜片、马耳朵葱、野山椒、干辣椒、花椒爆香后掺入鲜汤，放入仔兔、茶树菇，加盐、胡椒、料酒、白糖调味，加盖焖约20分钟，起锅前调入味精，用湿淀粉勾芡即成。

专家解密

1. 选料时应选用嫩仔兔，以免肉质过老。
2. 兔块改刀后，可以入盆中用清水冲泡，以去尽血水，使其成菜色泽美观。
3. 炸仔兔时，时间不宜过长，以将表面水气炸干为度，否则肉质老。

原　料

花鲢鱼头1个（约300克），水发干笋150克，水发香菇50克，姜、葱、蒜、老干妈豆豉、香辣酱、盐、胡椒、料酒、白糖、味鲜、鲜汤、干细淀粉、湿淀粉适量，色拉油1000克（约耗100克）。

制作过程

1. 花鲢鱼头去鳃洗净，置于菜墩上砍成块；水发干笋切成4厘米长的段；香菇去蒂，切成厚片；葱切成长4厘米的段；姜蒜去皮，洗净切成片。

2. 鱼头入碗，放盐、胡椒、料酒、姜、葱码味10分钟。

3. 将鱼头取出，扑上少许干细淀粉，放入六成热的油锅中，炸至色泽金黄捞沥尽油。

4. 干笋、香菇入沸水锅中汆一水，打起。

5. 锅置中火上，烧油适量至五成热，放入老干妈豆豉、香辣酱、葱段、姜蒜片炒至油红味香，掺入鲜汤，加盐、胡椒、料酒、白糖调味，下鱼头、干笋、香菇推匀，移至小火上加盖焖15分钟，起锅前加入味精，用湿淀粉勾芡即可。

专家解密

1. 鱼头炸制时，油温可略高，将其炸进皮即可，炸制时间不可过长，以防止肉质变老。

2. 炒豆豉、香辣酱时，火力不可过大，以防止炒焦，否则成菜有苦味。

3. 焖制时火力不可过大，否则汤汁会快速收干，各种调味料的鲜香滋味无法渗入鱼头。

【干妈鲜鱼头】

特　点　香辣可口，豉椒味浓。

焖 【黄豆焖猪手】

特　点　酥嫩可口，美容养颜。

原　料

猪蹄400克，水发干黄豆150克，葱、姜、盐、八角、花椒、糖色、胡椒、料酒、味精、湿淀粉适量，色拉油1000克（约耗75克）。

制作过程

1. 猪蹄洗净，用火烧去毛桩，放入温水中刮洗干净。炒锅上火，烧水至沸，放入猪蹄煮至紧皮。
2. 将猪蹄捞起后，用竹签将其表皮扎上无数小孔，趁热抹上糖色。
3. 锅内烧油至六成热，放入猪蹄炸至皮红，捞起。
4. 将猪蹄置于菜墩上，用刀砍成5厘米大的块；葱切段；姜拍破。
5. 锅重置火上，烧油适量至五成热，放入葱段及姜炒香，掺入鲜汤，下入猪蹄、黄豆、八角、花椒、盐、糖色、胡椒、料酒烧沸，打去浮沫，慢火加盖焖约30分钟，待猪蹄软糯，汁稠时，加入味精，用湿淀粉勾芡，起锅装入盆中即成。

专家解密

1. 扎小孔的目的，是更有利于糖色粘附于原料表皮。
2. 抹糖色要趁热，否则不易上色。
3. 先将猪蹄炸后再砍成块，有利于猪蹄成形美观。若先砍后炸，猪皮受热收缩，影响成形。

蒸

蒸是指经加工切配、调味盛装的原料，利用蒸汽加热使之成熟或软熟入味成菜的烹调方法。蒸制的菜肴因水蒸汽的湿度已达到饱和并有一定的压力，所以受热均匀，菜肴的滋润度高。又由于蒸制时原料不能翻动，原料间所含的物质，渗透交换受限，所以具有原形状不变，原味不失，原汁原味的特点。适用此烹调方法的原料非常广泛，无论大型或小型，整形或散形，质老还是质嫩的原料皆可。

※清蒸

清蒸是指主料经半成品加工后，加入调味品，掺入鲜汤蒸制成菜的一种蒸法。一般适用于鸡、鸭、鱼、猪肉等新鲜无异味的原料。

烹调程序

1. 加工处理。清蒸对原料的新鲜程度要求较高，初步加工中要求洗净血污异味。原料在清蒸之前一般需要进行焯水处理。清蒸时属于旺火沸水长时间蒸制的以整形或大块原料为主。属于旺火沸水速蒸的以丝、条、片规格为主。

2. 装盛调味。清蒸菜肴装盛分为明定和暗定两种。"明定"是指原料有顺序按一定形态装盛，蒸制成菜后以原器皿上桌。"暗定"是指原料贴在蒸制器皿一面，要有顺序按一定形态装盛，蒸制成菜后取出，反扣在另一盛器内上桌。清蒸的复合味以咸鲜味为主，调制宜淡不宜咸。要先放调味品，再掺入鲜汤。

3. 蒸制成菜。蒸制时其成熟程度是软熟的菜肴，属于旺火长时间蒸法。是细嫩质感的菜肴，属于旺火沸水速蒸的蒸法。具体蒸制中要掌握菜肴的成熟程度和选用相宜的蒸制方法。清蒸的菜肴最宜成菜后及时上桌食用。

工艺流程

原料选择—初步加工—熟处理—刀工—盛装—调味—蒸制—成菜

操作要领

1. 原料焯水时以60℃~80℃热水下料较好，汤沸时要撇尽浮沫，要控制好焯水的加热程度。原料晾凉后再进行刀工处理。

2. 清蒸菜肴的色泽对质量的影响较大，一般咸鲜味菜肴多为原料的本色，甜味或鲜甜味的菜肴，以橙红色、浅黄色为主，咸鲜醇厚的菜肴以浅茶色为宜。

3. 蒸制菜肴一定要先分清成菜后的质感，并以此决定其蒸制方法。

注意事项

1. 清蒸类菜肴最好放置在蒸笼的上层，蒸制时防止菜肴的色泽被污染或窜味。

2. 原料初加工进行焯水时，控制在紧皮或断生的程度。

3. 清蒸菜肴成菜后，应拣去姜葱、花椒，保持菜肴清爽整洁。要保持菜肴的原汁原味，如上菜前原汁不足时，可添加些鲜汤。

成菜特点

1. 清蒸菜肴基本为原料本色，汤汁颜色也较浅。

2. 口味鲜咸醇厚，清淡爽口。3. 质地松软、细嫩。

※粉蒸

粉蒸是指将原料经加工切配，再放入调味汁浸渍后，用适量的大米粉拌匀，上笼蒸制到熟软滋糯成菜的一种蒸法。适用于鸡、鱼、猪肉、牛肉、羊肉和部分根茎、豆类蔬菜原料。

烹调程序

1．选料切配。粉蒸应选用质地老韧无筋，鲜香味足，肥瘦相间，或质地细嫩无筋，清香味鲜，受热易熟的原料。刀工以条、片、块等规格为主。

2．调味浸渍。粉蒸的菜肴应先调味经浸渍渗透入味，蒸制效果才良好。粉蒸的复合味较多，常用的有咸鲜味、鲜甜味、五香味、家常味、麻辣味等。

3．米粉拌制。拌制米粉要根据原料质地老嫩和肥瘦比例，确定米粉与原料的比例。一般掌握在1∶（0.06~0.1)之间，拌制的干稀程度要适当。

4．装盛蒸制。粉蒸原料要尽量装盛疏松，不能压紧压实。质感细嫩松糯的菜肴，以旺火沸水速蒸为主；质感软熟滋糯的菜肴，以旺火沸水长时间蒸制为主。

工艺流程

原料选择—刀工—调味浸渍—拌制米粉—装盛—蒸制—成菜

操作要领

1．原料刀工时，片、条、块的厚薄、粗细、大小，既要视其质地，又要以盛器的大小来决定。调味时，按复合味的需要，先将调味品调和，达到复合味的味感和浓度，再统一与原料调配均匀，根据原料的大小，浸渍适当时间，使调味品渗透入味。

2．米粉的质量对粉蒸的效果有直接的影响，要求只能用籼米小火炒至微黄色，晾凉，再磨成细末，不能磨成细粉。不能选用糯米或粳米为米粉原料，这样成菜后才会有松疏、滋糯、适口的质感。

3．缺乏脂肪的原料，如牛肉、羊肉、鸡肉等，调味过程中要适当加放油脂，成菜后才有良好的油润滋糯质感。

4．拌制米粉时要抖散拌和均匀，使原料都均匀地粘上米粉微粒。其干稀度应以原料湿润而不现汤汁为准。成菜后的质感与味感应达到软熟、香鲜、醇厚、滋糯、适口的标准。

注意事项

1．粉蒸一般用生料，不需初步熟处理等工序。

2．粉蒸的菜肴要一气呵成，中途不能散火断气或突然降温，否则会出现回笼水，严重影响菜肴的质量。

3．粉蒸菜肴需先经调味品浸渍，渗透入味，口感才好。

成菜特点

1．粉蒸菜肴的颜色多为红色。

2．口味咸鲜，浓香，油而不腻。

3．质地软烂适口。

*旱蒸（扣蒸）

旱蒸又称扣蒸，是指原料只加调味品不加汤汁，有的器皿还要加盖或用皮纸封口后蒸制成菜的一类蒸法。适用于鸡、鸭、鱼、猪肉、部分水果、蔬菜等原料。

烹调程序

1. 加工处理。旱蒸应选用新鲜无异味，富于鲜嫩或熟软质感特色的原料，经洗涤干净，焯水后装盛，有的原料经油炸后再切配盛装。

2. 调味蒸制。旱蒸除部分菜肴如咸烧白等要调制复合味外，大部分菜肴都属于基础调味，蒸制成菜后还需定味或辅助调味，所以调味宜淡不宜咸。蒸制应根据菜肴的具体要求，直接蒸制或加盖，或用猪网油盖面，或用皮纸封口后蒸制。

3. 装盘成菜。旱蒸成菜后，有的直接翻扣入盘上桌，如咸烧白等，有的要灌清汤或奶汤后上菜，如带丝肘子；有的要挂白汁或糖液，或撒白糖后上菜，如白汁鸡糕、八宝瓤梨；有的要淋味汁或配味碟上桌，如姜汁中段、旱蒸脑花鱼。

工艺流程

原料选择—加工处理—调味蒸制—装盘—成菜

操作要领

1. 旱蒸的原料在焯水时，其成熟度要根据菜肴质感来决定，一般鲜嫩质感的原料焯水以紧皮为度，软熟质感的原料焯水以断生或熟透为宜。猪肉有皮的需使之酥糯，或鸡鸭需要增香，焯水后还需油炸，至于是否上色和上色的深浅，要视菜肴需要的色泽来决定。

2. 旱蒸成菜后的定味或辅助调味，要在菜肴翻扣入盘时进行，要掌握灌汤、挂汁、淋味汁的数量，使成菜的味感准确。

注意事项

1. 蒸制成菜扣盘后，要拣去姜、葱、花椒、网油等杂质，保持菜肴整洁。

2. 成菜扣盘要讲究装饰，不能损坏原料的形态，灌汤、挂汁、淋味汁、撒白糖等手法要讲究艺术，使成菜美观。

成菜特点

具有形态完整、原汁原味、鲜嫩或熟软的特点。

*卷包蒸

卷包蒸是将原料加工成丝、片等小型形状，用调味品拌和成馅，用荷叶、竹叶、芭蕉叶、菜叶、蛋皮等包卷后，放入器皿中用蒸汽加热至熟的方法。

注意事项

1. 被包卷的原料一般多为米、粒的鲜嫩原料，其调味以咸鲜为主。

2. 包卷用料。多为大片状，一般有卷包法和裹包法。其形状有方形、圆形、三角形等多种，一定要裹严，不可露馅。

3. 蒸制火力与时间，根据原料的性质、成品的特点灵活掌握。

成菜特点

造型突出，软嫩芳香。

原　料

鸡脯肉100克，猪肥膘30克，紫菜5张，胡萝卜50克，冬笋50克，芦笋50克，水发香菇50克，鸡蛋清、姜葱水、盐、胡椒、味精、蛋清淀粉、湿淀粉、鲜汤、色拉油适量。

制作过程

1. 鸡脯肉、猪肥膘分别放在洁净的菜墩上，用刀背捶制成茸。

2. 胡萝卜、冬笋、水发香菇分别切成0.8厘米见方的长条，同芦笋入沸水锅中氽一水，打起漂凉。

3. 鸡脯肉、猪肥膘入碗，依次加入姜葱水、鸡蛋清、盐、湿淀粉搅打上劲，制成鸡糁。紫菜卷置菜墩上，切成3厘米长的段，摆于盘中。

4. 紫菜逐一平铺于菜墩上，抹上一层鸡糁，放上胡萝卜、冬笋、水发香菇、芦笋，然后将其卷成卷，用蛋清淀粉粉封口。

5. 将制好的紫菜卷放于平盘内，上笼蒸熟。

6. 紫菜卷置菜墩上，切成3厘米长的段，摆于盘中。

7. 盐、胡椒、味精、鲜汤、鸡蛋清、湿淀粉、色拉油入锅对成滋汁，淋于紫菜卷上即成。

专家解密

1. 紫菜要选择较薄、较平整、光滑的，这样的紫菜容易卷制成形。
2. 鸡脯肉、猪肥膘捶茸时注意清洁卫生，可放在猪肉皮上捶制。
3. 搅打鸡糁，干稀适度。
4. 裹卷要紧，封口要严。

【紫菜四喜卷】

特　点　鲜嫩爽口，紫菜清香。

蒸【蒸酿苦瓜】

特　点　鲜香细嫩，清热健脾。

原　料

猪绞肉150克，苦瓜2根（约300克），慈姑50克，水发香菇50克，胡萝卜50克，荷兰豆50克，菜心50克，荷叶1张，鸡蛋1个，葱姜水、盐、蚝油、白糖、老抽、料酒、胡椒、鲜汤、干细淀粉、湿淀粉、色拉油适量。

制作过程

1. 苦瓜洗净，切去头、尾，将中间的瓤挖出，在苦瓜内壁上扑上干细淀粉。
2. 慈姑、水发香菇、胡萝卜、荷兰豆分别切成米粒状，入沸水锅中汆一水，入漏勺沥净水；菜心、荷叶洗净待用。
3. 猪绞肉入盆，加入上述切成粒的原料，放盐、胡椒、料酒、葱姜水、鸡蛋液、湿淀粉搅打成馅。
4. 将肉馅酿入苦瓜筒内，放入盘中。
5. 将酿好的苦瓜入笼旺火蒸熟。
6. 取出切成1厘米厚的片，摆入垫有荷叶的条盘内；边沿围上汆水后的菜心。
7. 盐、蚝油、白糖、老抽、鲜汤、湿淀粉、色拉油入锅制成蚝油汁，淋于苦瓜上即成。

专家解密

1. 苦瓜应选用表皮完好、美观、粗细一致的，这样才能保证成菜美观整齐。
2. 苦瓜瓤要去净，内壁扑粉要均匀，以免成菜后肉馅脱落。
3. 调馅的原料要先沥干水气，否则馅稀不利于操作。
4. 酿馅要饱满，注意不要在苦瓜内留下气泡。

原　料

肉蟹1只（约300克），鸡蛋4个，青豆25克，蟹柳25克，水发香菇25克，嫩玉米粒25克，咸蛋黄3个，葱、味精、盐、胡椒、鲜汤、湿淀粉、色拉油适量。

制作过程

1. 肉蟹洗净，上笼蒸熟取出，将蟹壳敲碎，取出蟹肉，撕成丝备用；青豆、嫩玉米分别入沸水锅中煮至熟；蟹柳、水发香菇均切成0.4厘米见方的丁；葱擦手切细花；咸蛋黄入笼蒸熟，压制成茸。

2. 将蟹柳、水发香菇丁入锅氽一水打起沥净水。

3. 鸡蛋打散，掺入少许鲜汤，加盐、胡椒、湿淀粉搅匀成蛋浆，上笼蒸5分钟至熟取出。

4. 咸蛋茸入热油锅炒散，掺入鲜汤，放入青豆、蟹柳、水发香菇、嫩玉米粒、蟹肉，调入盐、胡椒、味精，烧沸后用湿淀粉勾芡，起锅装入蒸蛋的盘内，撒上葱花，用热油淋一下即可。

专家解密

1. 取蟹肉时注意不要撕得太碎，另外要小心将蟹壳去净，避免其混入蟹肉中，而影响口感。

2. 搅拌蛋浆时，顺时针打匀，注意不要打出气泡，若出现气泡应将其打去。

3. 蒸蛋的火力不可过大，火力太大易蒸翻泡，使蛋表面不光滑，蛋内容易起气泡。

【锦绣芙蓉蟹】

特　点　滑嫩鲜香，色彩艳丽。

蒸 【冬瓜豆豉鱼】

特　点　豉香味浓，形态美观。

原　料

净鱼肉150克，冬瓜500克，水发香菇30克，青椒30克，红椒30克，豆豉、泡辣椒茸、盐、姜、蒜、老抽、白糖、胡椒粉、味精、干细淀粉、湿淀粉、鲜汤、色拉油适量。

制作过程

1. 净鱼肉、水发香菇、青椒、红椒分别切成0.8厘米见方的丁；姜、蒜剁成茸。
2. 上述各料入碗，加入豆豉、泡辣椒茸、盐、老抽、姜蒜茸、白糖、胡椒、湿淀粉拌匀成馅料。
3. 冬瓜削去粗皮，切成6厘米长、4厘米宽、2.5厘米厚的块，将中间挖一凹槽，入沸水锅中煮至断生捞起。
4. 将冬瓜的凹槽内，抹上干细淀粉，放入盘内。
5. 把调好的豆豉鱼舀入冬瓜槽内。
6. 将酿好的冬瓜上笼用旺火蒸5分钟至熟，取出装盘。
7. 盐、胡椒、味精、鲜汤、湿淀粉、色拉油入锅调成咸鲜味汁淋在冬瓜上即成。

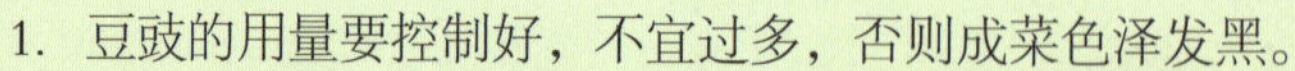

专家解密

1. 豆豉的用量要控制好，不宜过多，否则成菜色泽发黑。
2. 冬瓜氽水时间不宜太长，以断生为度，以免影响成菜的形状。
3. 浇汁不宜过多过浓，由于此菜已经有味道，所以浇汁只起辅助调味的作用。

原　料

土豆300克，咸鸭蛋黄5个，熟火腿50克，嫩玉米粒50克，青椒50克，红椒50克，水发香菇50克，胡萝卜50克，冬笋50克，盐、胡椒、味精、鲜汤、湿淀粉、色拉油适量。

制作过程

1. 土豆洗净，入笼蒸熟，制成细泥。加盐、胡椒调好味，放入模具内压成形，摆于圆盘内。

2. 咸鸭蛋黄4个入笼蒸熟，取出过筛成细茸；另1个咸鸭蛋置于菜墩上，用刀切碎，撒于土豆泥上，并将土豆泥上笼蒸5分钟取出。

3. 熟火腿、青椒、红椒、水发香菇、胡萝卜、冬笋均切成0.5厘米见方的丁。

4. 上述丁料同嫩玉米粒一起放入锅中氽水至断生。

5. 炒锅上火，烧油至五成热，放入咸鸭蛋茸炒香，掺入鲜汤，放入各种配料，加盐、胡椒、味精，烧沸后，用湿淀粉勾芡，起锅围于土豆泥周围即可。

1. 土豆一定要蒸透至无硬心，再制成泥，否则不利于操作。
2. 土豆泥调味时可适当加入少量色拉油，以使土豆泥油润、光滑。
3. 炒咸蛋茸时火力不能大，以免炒焦影响口感和色泽。

【彩烹土豆泥】

特　点　咸鲜细嫩，色彩丰富。

蒸 【椒麻麒麟鱼】

特　点　咸鲜香麻，质嫩味美。

原　料

草鱼1尾（约重600克），熟火腿100克，水发冬笋100克，水发香菇100克，葱叶、葱、姜、花椒油、盐、胡椒、料酒、鲜汤、色拉油适量。

制作过程

1. 草鱼宰杀制净，用刀剁下鱼头，从下额正中下刀，将鱼头砍开，留头顶骨不砍断；鱼身片去大骨，留尾部不片断，将鱼肉皮面向下，将鱼肉片成片，留鱼皮不片断。
2. 熟火腿、水发冬笋切成片，同水发香菇入沸水锅中汆一水。
3. 葱叶剁成细茸，放入碗中，下盐、胡椒、花椒油、鲜汤对成汁。
4. 将草鱼摆于盘内，将火腿、冬笋、水发香菇逐片排放于鱼身上。
5. 淋上对好的味汁，上笼用旺火蒸5分钟取出，淋上热油即可。

专家解密

1. 鱼肉剞刀的刀距要均匀。
2. 火腿、冬笋、水发香菇切片要一致，排放要均匀。
3. 葱叶要剁细，不能有粗块，否则会影响成菜感观。
4. 蒸鱼的时间不宜过长，以鱼熟为度，久蒸则老。

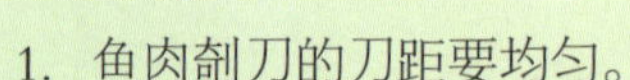

原　料

猪排骨300克，糯米100克，鸡蛋1个，金瓜1个，青椒20克，红椒20克，葱、姜、蒜、盐、花生酱、排骨酱、胡椒、料酒、干细淀粉适量。

制作过程

1. 猪排骨洗净，剁成3厘米长的段；葱切段；姜拍破；蒜剁茸；青红椒分别切成粒状。金瓜切去顶盖，去掉内瓤，入沸水锅略烫捞起。糯米用清水浸泡至回软。
2. 排骨入盆，加入葱段、姜、蒜茸、盐、胡椒、料酒、花生酱、排骨酱、干细淀粉拌匀。
3. 将每个排骨裹匀糯米，排放在金瓜上，撒上青、红椒粒及清水。
4. 将金瓜排骨放入笼内蒸至熟，取出即可。

专家解密

1. 糯米选用粒大、圆润、色白的。浸泡时应泡透至无硬心。
2. 排骨码味的时间要足，否则不入味。
3. 糯米要均匀地粘裹在排骨表面，以不见酱汁为佳。
4. 蒸时掌握好火候，将排骨蒸熟即可，久蒸金瓜易变形。

【金瓜糯米骨】

特　点　软糯滋润，芳香四溢。

蒸【荷香粉蒸鱼】

特　点　肉质细嫩，鲜香微辣。

原　料

草鱼300克，蒸肉米粉100克，荷叶1张，姜、葱、蒜、香菜、郫县豆瓣、醪糟汁、料酒、盐、胡椒、红酱油、鲜汤、色拉油适量。

制作过程

1. 草鱼洗净，剁成2厘米宽、5厘米长的条；姜蒜切米；葱切细花。
2. 鱼条入盆，加盐、胡椒、料酒、姜蒜米、郫县豆瓣、醪糟汁、红酱油、鲜汤、色拉油拌匀。
3. 荷叶入沸水锅中略烫，捞起垫于竹笼内，将鱼条平铺于荷叶上。
4. 上笼用旺火蒸至鱼条和米粉熟。
5. 取出后表面撒上葱花即可。

专家解密

1. 荷叶以选用鲜荷叶为佳，若无鲜荷叶，干荷叶也可以。
2. 在烫制荷叶时，以烫软即可，不可久煮，否则会失去荷叶的清香味。
3. 草鱼腌制的时间要够，否则不入味。
4. 此菜宜用旺火蒸，在短时间内将鱼蒸熟即可，防止久蒸肉老。

煮是将原料或经初步熟处理的半成品，切配后放入多量的汤汁中，先用旺火烧沸，再用中火或小火烧熟调味成菜的烹调方法。鱼、猪肉、豆制品、蔬菜等原料都适合煮制成菜。如：冬菜豆芽汤、白菜豆腐汤、煎蛋汤、豆芽汤、酸菜豆瓣汤（豆瓣是胡豆瓣）。

烹调程序

1. 加工切配。煮制的原料要选择新鲜无异味、质嫩易熟的原料。适合煮制的原料规格主要是丝、片。部分原料，如带皮猪肉、鱼、豆制品、少数蔬菜，要经过初步熟处理再煮制。

2. 煮制调味。锅内掺鲜汤，放入原料、调味品，用旺火烧沸，再移至小火或中火继续加热煮至断生或刚熟、软熟的程度。煮制菜肴多为清香鲜美的咸鲜味，上桌需要同上味碟，供食者蘸食。

工艺流程

原料选择—加工切配—煮制—调味—装盆—成菜

操作要领

1. 煮制的方法要求成菜速度尽可能快一些，菜肴才有良好的色香味效果，所以原料要细嫩，刀工要一致。

2. 煮制菜肴时可酌用姜、葱、花椒等调味品，能增强除异增香的作用。

3. 要根据原料的种类选用初步熟处理的方式，如鱼类用油炸、带皮猪肉用焯水等方法。

注意事项

1. 煮制菜肴成熟后要及时出锅，否则会影响菜肴的质量。

2. 掌握好汤量，避免菜少汤多或汤多菜少。

3. 正确掌握好火候，以中小火为好。

4. 川菜中，还有一种水煮的方法，是用鸡、鱼、猪肉、牛肉切片码味上浆、直接滑油后放入调味品的汤汁中煮熟，勾芡或不勾芡使汤汁浓稠，先将鲜菜炒熟垫碗底，再盛入主料，撒上剁细的辣椒、花椒末，再淋热油成菜。如水煮牛肉、水煮鱼等。

成菜特点

1. 汤宽汁浓，汤菜合一。

2. 口味清鲜，清爽利口。

原　料

基围虾50克，鲜鱿鱼50克，水发海参50克，蟹柳50克，肉蟹1只，西兰花50克，火锅粉50克，豆芽50克，金针菇50克，蒜苗30克，香水鱼调味料50克，郫县豆瓣、盐、胡椒、酱油、料酒、白糖、干辣椒、鲜花椒、葱、姜、蒜、味精、鲜汤、干细淀粉、湿淀粉、色拉油适量。

制作过程

1. 鲜鱿鱼剞上交叉十字花刀，剁成菱形块；海参改刀成1厘米见方、5厘米长的条；肉蟹宰杀后，剁成块，洗净；西兰花切成小朵；蒜苗切段；葱切段；姜蒜切米粒状。

2. 肉蟹块扑上干细淀粉，入热油锅中炸至色泽金红，捞起。

3. 基围虾、海参、蟹柳、鲜鱿鱼、西兰花入沸水锅中汆一水，备用。

4. 炒锅上火，烧油至五成热，放入香水鱼调料、郫县豆瓣、姜蒜米、葱炒至油红、味香，掺入鲜汤，打去料渣，放入盐、胡椒、料酒、酱油、白糖调好味。

5. 火锅粉、西兰花、豆芽、金针菇、蒜苗放入汤料中煮熟，打起装入盆内。

6. 虾、蟹、鲜鱿、海参、蟹柳放入汤汁中烧沸，勾入味精，用湿淀粉勾薄芡，起锅倒入盆内即成。

专家解密

1. 肉蟹扑粉不宜多。
2. 炸蟹时油温宜高，否则鲜嫩的蟹肉易散碎。
3. 各种海鲜原料及蔬菜原料汆水时，要根据原料质地的老嫩，分别下锅。
4. 此菜勾芡时湿淀粉的用量不宜过多，以薄芡为佳。

【大闹海龙宫】

特　点　原料丰富，麻辣味厚。

煮【绣球黄花汤】

特　点　形色美观，汤鲜味美。

原　料

鸡脯肉200克，猪肥膘肉50克，蛋皮1张，胡萝卜30克，水发香菇50克，青笋30克，瓢儿白10棵，黄花20克，鸡蛋清80克，盐、姜葱水、湿淀粉、高级清汤适量。

制作过程

1. 鸡脯肉、肥膘肉分别捶制成茸，放入碗中，加盐、姜葱水、鸡蛋清、湿淀粉搅打成鸡糁。
2. 蛋皮、胡萝卜、水发香菇、青笋擦手切3厘米长的细丝。胡萝卜丝、青笋丝码盐，挤去水分后，同蛋皮丝、香菇丝拌匀。
3. 干黄花入碗，用温热水浸泡至回软。
4. 将鸡糁制成直径3厘米大的绣球，放入丝料中裹匀。
5. 净锅上火，烧水至沸，放入绣球汆至熟。
6. 黄花、瓢儿白、高级清汤入锅烧沸，下入绣球，调入盐，略烧后起锅装入砂锅中即成。

专家解密

1. 鸡糁不可制得过稀，否则不利于成型。
2. 制好的绣球生坯也可放入蒸笼中蒸熟，摆于汤碗中直接灌汤成菜。

原　料

嫩玉米50克，粟米羹1听，午餐肉30克，青豆30克，胡萝卜30克，土豆30克，水发香菇30克，洋葱30克，牛奶、盐、胡椒、鲜汤、湿淀粉、黄油各适量。

制作过程

1. 午餐肉、胡萝卜、土豆、水发香菇、洋葱分别切成0.8厘米见方的丁。

2. 净锅上火，烧水至沸，分别放入嫩玉米、青豆煮至熟，打起漂凉。午餐肉、胡萝卜、香菇丁汆一水，土豆丁煮熟待用。

3. 炒锅制净，烧黄油至五成热，投入洋葱丁爆香，倒入粟米羹、牛奶、鲜汤，下各种丁料，用盐、胡椒、味精调好味，烧沸后用湿淀粉勾芡，起锅装入盅内即成。

专家解密

1. 原料下锅煮制时，要根据原料质地的老嫩，分别下锅。质老的先下，质嫩的后下。
2. 该菜勾芡不宜过浓，以原料悬浮于汤中，不沉底即可。
3. 放入湿淀粉后，不能快速搅动汤汁，否则淀粉不易成熟，汤色浑浊不清。

【玉米浓汤】

特　点　色调鲜明，奶香味浓。

煮 【糟香鲫鱼汤】

特　点　鲫鱼细嫩，汤鲜香浓。

原　料

鲫鱼1尾（约300克），白萝卜100克，胡萝卜100克，豆腐100克，水发香菇30克，葱、姜、醪糟、盐、胡椒、料酒、鲜汤适量，色拉油750克（约耗50克）。

制作过程

1. 鲫鱼宰杀制净，鱼身两面各剞上几刀。

2. 白萝卜、胡萝卜、豆腐、水发香菇分别切成块；葱切2厘米长的节；姜切片。

3. 鲫鱼入盆，加盐、葱、姜、胡椒、料酒码味10分钟后，入烧至六成热的油锅中炸至皮酥色金黄，捞起。

4. 锅洗净，放入色拉油适量，烧至五成热，投入葱节、姜片爆香，掺入鲜汤，放入鲫鱼、白萝卜、胡萝卜、豆腐、水发香菇、醪糟、盐、胡椒用旺火烧沸，打去浮沫，移至中火上，煮至汤色发白，原料成熟即可装盆上桌。

专家解密

1. 宰杀鲫鱼后要洗净鱼身内外，并除去鱼腹内的黑膜，以免腥味过重。

2. 鲫鱼码味时注意料酒的用量不宜过多，否则炸制后色深。

3. 炸鲫鱼前应用净布将鱼身内外的水气揩干，并将鱼眼刺破，以防止下锅爆裂，将油溅出伤人。

4. 熬鱼汤时，先用大火烧开，再改用中火熬煮，否则鱼汤不白。

原　料

鱼头300克，豆腐200克，菜胆100克，水发香菇50克，酸菜50克，野山椒、葱、姜、辣椒面、盐、胡椒、料酒、味精、鲜汤适量，色拉油1000克（约耗75克）。

制作过程

1. 鱼头洗净，剁成大块，加盐、胡椒、料酒、姜、葱码味10分钟。
2. 豆腐切成5厘米长、3厘米宽、1厘米厚的片；酸菜斜刀片成片；草菇切片；野山椒剁成茸；葱切马耳朵形；姜切菱形片。
3. 炒锅上火，烧油至六成热，下入鱼头炸至色泽金黄，打起。
4. 锅内留油少许，放入马耳朵葱、姜片、香菇片、酸菜、野山椒茸炒香。
5. 掺入鲜汤，下鱼头、豆腐烧沸，打起浮沫，移至中火，调入盐、胡椒、味精，烧至汤色白，起锅淋入辣椒面即成。

1. 鱼头码味时要多放姜、葱、胡椒、料酒，时间要足，否则腥味较重。
2. 豆腐不宜切得过薄，否则煮制时易碎。
3. 炸鱼头时，油温应略高，否则容易碎烂，鱼皮也容易破。
4. 煮鱼汤的时间要足，否则汤色不白，汤味不鲜。

【豆腐辣鱼头】

特　点　咸鲜酸辣，汤鲜味美。

煮【红番面片汤】

特　点　色泽红艳，味甜略酸。

原　料

猪里脊肉100克，面片150克，番茄150克，蘑菇50克，葱、姜、番茄酱、盐、胡椒、料酒、白糖、大红浙醋、蛋清淀粉、鲜汤、色拉油适量。

制作过程

1. 猪里脊肉切成片；番茄去皮切厚片；蘑菇切片；葱切马耳朵形；姜切菱形片。
2. 肉片入碗，加盐、胡椒、料酒、蛋清淀粉拌匀。
3. 炒锅上火，烧清水至沸，撒入码好味的肉片，烫至熟。
4. 炒锅制净，烧油至五成热，放入马耳朵葱、姜片、蘑菇、番茄、番茄酱炒香。
5. 将锅内掺入鲜汤，下盐、胡椒、白糖调味，放入面片、肉片煮至熟，烹入大红浙醋，起锅装入碗中即成。

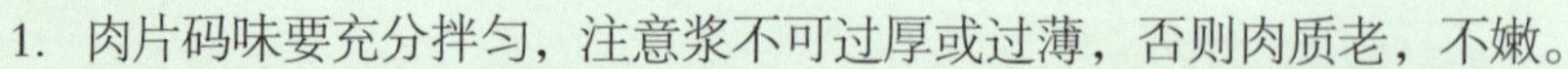

专家解密

1. 肉片码味要充分拌匀，注意浆不可过厚或过薄，否则肉质老，不嫩。
2. 氽肉片的水保持微沸即可，因火大、长时间加热，肉片也会老。
3. 调味汁时一定要将番茄和番茄酱炒红，待其出香味后方可掺入鲜汤。

原　料

猪肝200克，菠菜100克，猪瘦肉100克，枸杞15克，盐、胡椒、料酒、鲜汤、湿淀粉适量。

制作过程

1. 猪肝切成厚0.3厘米的片；猪瘦肉剁成茸；菠菜洗净，去黄叶。
2. 鲜汤入锅，放入猪肉茸、枸杞、料酒、胡椒，用中火煮30分钟。
3. 猪肝入碗，加入盐、胡椒、料酒、湿淀粉拌匀。
4. 将猪肝抖散撒入汤锅中，随即放入菠菜，用盐调好味，烧沸起锅装碗即成。

1. 猪肝切片要薄，且均匀。
2. 猪肝码味后，应立即下锅烹制，因猪肝含水量重，拌入盐后，易吐水。
3. 猪肝应抖散下锅，不要立即搅动，否则易脱浆，使汤浑浊，猪肝质老。

【枸杞猪肝汤】

特　点　汤鲜味美，明目养肝。

煮【金针鱼丸汤】

特　点　质嫩味鲜，清淡宜人。

原　料

净鱼肉200克，猪肥膘肉50克，金针菇100克，黄瓜50克，水发粉丝50克，水发香菇30克，香菜30克，鸡蛋清1个，葱、姜葱水、盐、胡椒、料酒、味精、鲜汤、湿淀粉、色拉油适量。

制作过程

1. 净鱼肉、猪肥膘肉分别剁细。
2. 水发香菇、香菜洗净，也剁碎；葱洗净切成葱花。
3. 鱼肉、肥膘肉、香菇、香菜同放一碗，加入姜葱水、盐、胡椒、鸡蛋清、湿淀粉搅打成鱼糁。
4. 黄瓜去皮，切成0.3厘米的粗丝。
5. 炒锅上火，烧水至沸，将鱼糁制成圆球，放入锅中汆熟，打捞起。
6. 鲜汤入锅，放入金针菇、黄瓜丝、粉丝煮沸，放入鱼丸，调入盐、胡椒、料酒、味精，烧沸后淋色拉油起锅装盆即成。

专家解密

1. 鱼肉与猪肥膘肉的比例要适当。肥肉多则腻，肥肉少不滋润。
2. 制糁时，一定要按顺序放入调味料。姜葱水、蛋清不可一次性加入，要分多次加入，否则不易搅匀。
3. 鱼糁下锅时，锅内的水应保持微沸，若火力过大，汤汁翻滚容易将鱼丸冲散、冲碎。